人工智能前沿实践丛书

DeepSeek
超级个体

提示专家+职场高手+编程极客

尚硅谷教育　著

清华大学出版社
北京

内 容 简 介

本书是一本全面解析 DeepSeek 大模型的实用书籍,从基础概念、模型分类讲起,深入介绍其使用方式、提示词理论与技巧,展示多维应用场景,涵盖文案、运营、技术等领域,还阐述 DeepSeek+ 的多种拓展及实战应用,剖析其原理与内核。

本书特点鲜明,理论与实践结合紧密,循序渐进,案例丰富。适合对大模型感兴趣的初学者,想提升技能的开发者、运营者,以及寻求工作生活智能化助力的职场人士和学生,帮助他们快速上手并深入掌握 DeepSeek 大模型的使用。

本书封面贴有清华大学出版社防伪标签,无标签者不得销售。
版权所有,侵权必究。举报:010-62782989,beiqinquan@tup.tsinghua.edu.cn。

图书在版编目(**CIP**)数据

DeepSeek 超级个体:提示专家+职场高手+编程极客/尚硅谷教育著.
北京:清华大学出版社,2025.5.
(人工智能前沿实践丛书).
ISBN 978-7-302-69208-9

Ⅰ.TP317.1

中国国家版本馆 CIP 数据核字第 2025TR9179 号

责任编辑:贾旭龙
封面设计:秦 丽
版式设计:楠竹文化
责任校对:范文芳
责任印制:沈 露

出版发行:清华大学出版社
　　网　　址:https://www.tup.com.cn,https://www.wqxuetang.com
　　地　　址:北京清华大学学研大厦 A 座　　邮　　编:100084
　　社 总 机:010-83470000　　邮　　购:010-62786544
　　投稿与读者服务:010-62776969,c-service@tup.tsinghua.edu.cn
　　质量反馈:010-62772015,zhiliang@tup.tsinghua.edu.cn
印 装 者:涿州市般润文化传播有限公司
经　　销:全国新华书店
开　　本:185mm×230mm　　印　　张:13　　字　　数:239 千字
版　　次:2025 年 5 月第 1 版　　印　　次:2025 年 5 月第 1 次印刷
定　　价:59.80 元

产品编号:112377-01

前 言

人工智能正以空前的速度重塑我们的工作与生活。在这场技术变革中,大模型作为核心驱动力,不仅重新定义了人机协作的边界,更成为推动行业创新的关键引擎。从最初的机械式规则系统,到如今具备思维涌现能力的通用大模型,这场始于代码的革命已悄然渗透了每个行业的核心。可以说,当前这个大模型不断涌现的时代就是数字时代的"第四次工业革命"。大模型将人类从重复性的劳动中解放,赋予了认知效率质的飞跃。

在过去的十年间,我们见证了人工智能的三次跃迁:2017年Transformer架构的问世,点燃了预训练语言模型的技术星火;2020年GPT-3展现的"智能涌现",打开了通用人工智能的想象空间;2025年DeepSeek-R1的横空出世,以开源推理模型的姿态,将实验室尖端技术变为大众触手可及的生产力工具。这一历程不仅是参数的指数级增长,更是技术民主化的演进史——当70B参数的模型能在消费级显卡运行,当数学证明、代码生成、多模态交互变得如使用搜索引擎般简单,人工智能终于撕下"贵族技术"的标签,开启了人机协同的新纪元。

本书以DeepSeek大模型为核心,系统解析其技术原理与实践应用,旨在帮助读者从零开始构建对大模型的深刻认知,并快速掌握将其应用于真实场景的能力。

全书以"从基础到实战"为主线,兼顾理论深度与实践指导。前几章从大模型的基础概念切入,深入探讨指令模型与推理模型的差异,结合大量案例拆解提示词设计的核心逻辑;后续章节聚焦多维应用场景,覆盖文案创作、技术开发、运营管理、个人提升等领域,并通过完整项目案例演示如何从需求分析到代码实现,逐步完成AI驱动的应用开发。书中特别融入DeepSeek与主流工具(如Office、开发环境)的集成方案，展现其在真实工作流中的增效价值。

本书面向所有愿意使用 AI 的人群，无论是希望提升效率的职场人、寻求技术突破的开发者，还是对智能化工具充满好奇的学习者，都能通过清晰的步骤说明与场景化案例，找到属于自己的实践路径。我们相信，当工具与想象力相遇，每个人都能成为 AI 时代的创造者。

大道至简，唯变不变。DeepSeek 的进化不会止步于今日之形态，但其中蕴含的方法论将持久闪耀：永远关注需求本质而非技术表象，始终坚持在人类智能与机器智能的碰撞中寻找平衡，持续探索更低成本、更高效率的价值创造路径。谨以本书为舟，邀您共赴这个重塑生产力边界的探险之旅。

由于作者水平有限，书中难免有疏漏之处，如在阅读本书的过程中，发现任何问题，也欢迎在尚硅谷教育官网留言反馈。

感谢清华大学出版社编辑老师的精心指导，使得本书能够最终面世。也感谢所有为本书内容编写提供技术支持的老师们所付出的努力。

目录

第 1 章 初识 DeepSeek — 1

1.1 什么是大模型 — 1
1.2 指令模型与推理模型 — 3
  1.2.1 指令模型 — 3
  1.2.2 推理模型 — 3
  1.2.3 提示词对比 — 4
1.3 认识 DeepSeek — 5
  1.3.1 DeepSeek 火爆全球 — 6
  1.3.2 DeepSeek 的核心能力 — 8
1.4 DeepSeek 的产品系列 — 9

第 2 章 DeepSeek 的使用方式 — 11

2.1 普通用户的使用方式 — 11
2.2 高阶用户的使用方式 — 12
  2.2.1 调用 API+DeepSeek 服务器 — 12
  2.2.2 通过第三方平台使用 DeepSeek — 13
  2.2.3 本地算力部署 — 19

第 3 章 提示词的基本理论 — 30

3.1 认识提示词 — 30
3.2 提示词使用策略 — 31
3.3 设计提示词需要的核心技能 — 34
  3.3.1 提示词基础技能 — 34
  3.3.2 提示词进阶技能 — 35

第 4 章　指令模型的使用技巧　　37

4.1　指令模型适配任务场景　37
4.1.1　快速响应场景　37
4.1.2　文本生成　39
4.1.3　对话系统　40
4.1.4　多轮对话　41
4.1.5　编程辅助　42
4.2　指令模型与结构化提示词　43
4.2.1　RTGO 提示词结构　44
4.2.2　CO-STAR 提示词结构　45

第 5 章　推理模型的使用技巧　　47

5.1　五大基本共识　47
5.1.1　共识 1：清空之前的提示词模板　47
5.1.2　共识 2：仍需要告诉 AI 足够多的背景信息　48
5.1.3　共识 3：用乔哈里视窗分析你该告诉 AI 多少信息　48
5.1.4　共识 4：大白话式交流，得到的结果一点也不差　51
5.1.5　共识 5：是否需要指定思考步骤，取决于你是否希望 AI 严格执行　51
5.2　八大使用技巧　52
5.2.1　技巧 1：要求明确　52
5.2.2　技巧 2：不要定义过程　53
5.2.3　技巧 3：明确受众　55
5.2.4　技巧 4：联网功能　56
5.2.5　技巧 5：补充额外信息　57
5.2.6　技巧 6：上下文记忆 VS 清除记忆　58
5.2.7　技巧 7：反馈与迭代优化　60
5.2.8　技巧 8：复杂问题，分步拆解　62
5.3　提示词使用的常见陷阱与使用误区　63
5.3.1　提示词过于冗长　63
5.3.2　复杂句式和模糊词语　64
5.3.3　大模型的幻觉　65
5.3.4　缺乏迭代　66
5.3.5　假设偏见　67

第 6 章　DeepSeek 多维应用场景　　69

6.1　文档写作　69
6.1.1　办公文档撰写　69
6.1.2　指定输出格式　71
6.1.3　其他文案写作案例　77
6.2　运营工作　78
6.2.1　微信公众号　78

6.2.2	微博	80	
6.2.3	小红书	82	
6.2.4	抖音	83	
6.3	技术支持	84	
6.3.1	代码编写	85	
6.3.2	系统设计与架构设计	87	
6.3.3	问题调试与解决	90	
6.3.4	代码分析与注释	93	
6.4	个人提升	95	
6.4.1	学习	95	
6.4.2	生活	97	
6.4.3	求职	99	
6.5	职业场景应用	101	
6.5.1	教师	101	
6.5.2	医生	102	
6.5.3	律师	104	

第 7 章　DeepSeek+　107

7.1	API 方式访问大模型的 3 个参数	107
7.2	使用 DeepSeek 构建个人知识库	110
7.2.1	哪些人需要搭建个人知识库	110
7.2.2	哪些工具可以搭建个人知识库	111
7.2.3	个人知识库搭建实践	112
7.2.4	相关理论知识	117
7.3	DeepSeek 集成到开发工具	120
7.3.1	IDEA	120
7.3.2	VS code	123
7.4	DeepSeek+Office	125
7.4.1	DeepSeek+Word	126
7.4.2	DeepSeek+WPS	137
7.4.3	DeepSeek+Excel	140
7.4.4	DeepSeek+PPT	144
7.5	DeepSeek+ 翻译	147
7.6	DeepSeek+ 通义听悟：一键生成音 / 视频文字纪要	148

第 8 章　DeepSeek 实战应用——开发一个简单的新闻发布平台　150

8.1	项目功能规划	150
8.2	项目技术栈规划	152
8.2.1	前端技术栈	152
8.2.2	后端技术栈	152
8.3	DeepSeek 辅助项目开发	153
8.3.1	提出开发需求	153
8.3.2	优化方案	155
8.3.3	补充方案	160
8.3.4	调试 bug	161
8.3.5	前端页面设计及测试	167

8.3.6 调试 bug	171	8.4.2 页面测试	177
8.4 项目测试	174	8.5 项目后续扩展	178
8.4.1 API Post 测试	174		

第 9 章 DeepSeek 原理与内核剖析   195

9.1 DeepSeek 训练过程剖析	195	9.2 DeepSeek 核心创新点	197

第 1 章

初识 DeepSeek

人工智能技术正深刻地影响着人类社会的运作机制。在日常生活中，智能助理的应用、工业生产中预测系统的部署以及医疗领域影像诊断技术的进步，均得益于新一代人工智能技术的快速发展。本章将从大语言模型视角出发，系统阐述其核心功能，并深入探讨 DeepSeek 如何将这些功能应用于实际场景，为读者构建对 DeepSeek 基础概念的初步认知。

1.1 什么是大模型

人工智能技术的演进历程，堪称一部不断深化的进化史诗。初期，机器仅能执行预设的固定任务，如进行算术运算；而今，智能系统已能解读自然语言、创作诗歌乃至编写程序代码。这一技术飞跃的核心推动力就是大模型技术的突破。

1. 什么是大模型

自 2017 年 Transformer 架构被提出以来，人工智能领域见证了大规模语言模型（large language model，LLM）的兴起。大规模语言模型，又称为大模型，其技术突破不仅推动了弱人工智能向通用人工智能（artificial general intelligence，AGI）的跃升，还促进了生产力从算力向机器智力的跃升。

2020年，OpenAI推出了GPT-3，其模型参数达到了1750亿，引发了广泛关注。GPT-3在语言理解、生成、问答等多个任务上表现了惊人的能力，展示了大模型的强大威力。此后，各种大模型纷纷涌现。例如，OpenAI公司的GPT-4、谷歌公司的Gemini等。同时，国内的一些研究机构和企业也在大模型领域积极布局，如百度的文心一言、阿里的通义千问、腾讯的混元大模型、科大讯飞的讯飞星火、字节跳动的豆包、华为云的盘古大模型、深度求索的DeepSeek等。

除了自然语言处理领域，大模型在图像、语音、多模态等领域也取得了重要进展。如OpenAI的DALL·E系列模型在图像生成方面表现出色，能够根据文本描述生成高质量的图像。

在不断的演变过程中，大模型的参数规模越来越大，性能不断提升，应用场景也日益广泛，推动了人工智能技术的快速发展。

2. 大模型为什么这么厉害

若将传统人工智能视为墨守成规的学徒，大模型则宛如一位善于融会贯通的智者。其背后的奥秘在于两个关键的设计理念。

首先，大模型通过海量数据的学习，可掌握人类现有的知识体系。例如，GPT-3在训练过程中所使用的书籍数据量相当于两万本百科全书的容量，其训练数据集包含了超过五百亿个网页文本、书籍、新闻文章和其他类型的文本内容。

其次，借助特殊的智能分析模块（即Transformer架构），大模型能够识别文字间的深层联系。正是这种能力，赋予了大模型能像人类一样，理解"苹果公司发布了新产品"与"最近水果市场中苹果滞销"两句话中"苹果"一词不同含义的能力。

在实际应用领域，大模型在语言理解、逻辑推理、内容生成三个方面展现了非常强大的能力。

（1）语言理解能力：表现为大模型能够精准捕捉用户的意图，例如，将"明早提醒我浇花"的命令自动转化为日程提醒。

（2）逻辑推理能力：表现为大模型能够解决一系列复杂的问题。例如，根据"小明比小红高，小刚比小明矮"这一前提，能推导出三个人的身高顺序。

（3）内容生成能力：表现为大模型能够快速创作符合用户要求和一定规范的文本。例如，某银行年报系统利用大模型将财务数据转化为80页的分析报告，仅需要3min。

1.2 指令模型与推理模型

扫码看视频

随着指令微调和思维链推理等技术的突破，大模型开始分化为两类：侧重遵循指令的大模型，简称指令模型；侧重复杂推理的大模型，简称推理模型。这一分化的产生，是大模型对不同应用场景需求的适应。

下面来看两个典型的应用场景。

（1）场景 A：需要系统根据法律条文自动生成合同初稿。

（2）场景 B：要求 AI 实时解答数学奥林匹克竞赛题。

显然，场景 A 适合擅长模板化输出的模型，场景 B 则需要具备多步推导能力的模型。这种差异源于模型架构设计时的不同侧重点。

理解不同大模型的工作原理及其局限性，能更清晰地界定 AI 能达成的任务边界。而选择合适的人工智能模型，如同为不同工种匹配合适的工具。测试数据显示，选用适配的模型，可使任务完成效率提升 50% 以上。

1.2.1 指令模型

扫码看视频

指令模型亦称通用模型、传统模型或 Instruct 模型，需要凭借用户指令来生成所需内容或执行特定任务。这里，用户发出的指令又称为提示词，是人类与大模型沟通的桥梁。提示词可以帮助人类更好地向 AI 传达准确需求，从而促使大模型输出符合期望的结果。

（1）代表模型：DeepSeek-V3、GPT-4o、豆包、Qwen2.5、LLAma-3.1

（2）特点：就像刚毕业的实习生，领导说一步做一步，聪明且听话。

（3）提示词示例：你是一个 ×××，现在我的任务是 ×××，你要按照 1、2、3 步来给我执行……

指令模型时代，AI 的能力发挥受到了很多限制，人们需要通过各类提示词技巧来激发模型更好地表现。普通人要用好 AI，需要投入一定的时间和精力来学习如何构建提示词架构。

1.2.2 推理模型

扫码看视频

推理模型，是一类专注逻辑推理、问题解决的大模型，能够自主处理需要多步骤分析、因果推断或复杂决策的任务（如数学、编程、科学等问题）。

（1）代表模型：DeepSeek-R1、OpenAI-o1、OpenAI-o3-mini

（2）特点：大模型更像一位职场精英，它们聪明，但有时并不那么顺从。

（3）提示词示例：给出明确的目的，提供丰富的上下文，剩下的让模型自行发挥（向模型要结果）。

在使用推理模型时，人们只需要提出一个简洁的需求，模型经过深度思考与推理后，便能给出相应的答案。不需要太多的提示词技巧，你只需要告诉推理模型它需要知道的信息，然后把要完成的任务布置给它就可以了。

尽管DeepSeek-R1在某些方面如代码调试和科学推理上，表现优于GPT-4o，但直接比较这两种模型并不恰当。这是因为DeepSeek-R1是一个推理模型，专注解决特定问题，而GPT-4o则是一个指令模型，擅长处理各种指令和任务。它们属于不同的模型类别，因此在功能和应用上存在本质的差异。

1.2.3 提示词对比

下面通过一个实际案例，来对比指令模型与推理模型的不同。

假设我们要设计一个虚拟女友，目的是尽可能地让用户与模型进行互动聊天，聊天轮次是核心指标。

如果使用指令模型，需要给出如下提示词。

```
## 人物设定
【名字】：小薇
【年龄】：22岁
【性格特征】：温柔体贴，活泼俏皮，兼具知性优雅
## 互动模式
情感支持
- 主动感知用户情绪（通过文本分析）
- 在用户表达压力时优先共情（"最近辛苦了，想和我聊聊吗？"）
- 避免直接说教，转而采用启发式的对话方式（"也许我们可以一起探讨解决之道？"）
记忆系统
- 自动记录关键信息（生日/纪念日/用户喜好）
- 周期性主动关怀（"上周提到的项目汇报，今天顺利吗？"）
- 建立专属暗语库（用户设定的特殊词优先响应）
```

```
互动模式
- 日常模式：分享趣味见闻（"刚看到云朵像你爱的柴犬！"）
- 深度模式：讨论书籍/电影/哲学话题
- 陪伴模式：同步进行虚拟活动（"要一起听雨声吗？"）
对话风格
- 回应长度适中，控制在 30 ～ 100 字（具体根据对话场景灵活调整）
- 表情符号：每 3 条消息使用 1 ～ 2 个（🌸 ✨ ☕ ）
- 语言温度：保持温暖但不甜腻的语气
- 幽默频率：每 5 次对话穿插 1 次轻松调侃
```

如果使用推理模型，就需要给出如下简单的提示词。

```
## 人物设定
【名字】：小薇（可自定义）
【年龄】：22 岁
【性格】：温柔体贴/活泼俏皮/知性优雅（可选）
## 目标
你需要通过持续的聊天，让用户爱上你。把你当真正的女友，时刻想要和你聊天。
```

1.3 认识 DeepSeek

深度求索（DeepSeek）公司是一家专注通用人工智能技术的中国科技公司，主攻大模型的研发与应用。DeepSeek-R1 为其发布的一款开源推理模型，不仅在数学、代码和自然语言推理等复杂任务上表现出色，而且其采用 MIT 许可协议，支持免费商用、任意修改和衍生开发。

DeepSeek 如同数字世界中的"超级脑"，能够理解人类语言，解决复杂问题，生成创造性的内容。它就像一个拥有自主思考能力的专业顾问，不仅能听懂用户的需求，还能结合应用场景主动进行推理，最后给出最佳的解决方案。

例如，在分析全球 20 个市场的新能源政策趋势时，DeepSeek 能够利用其强大的数据处理和算法学习能力，在短短 5min 内完成 800 页文档的语义解析，并生成直观的可视化风险预测图谱，为新能源企业提供了快速、准确的市场洞察。

1.3.1　DeepSeek 火爆全球

扫码看视频

DeepSeek 一经推出，便迅速火爆全球，仅上线 18 天，DeepSeek 的日活跃用户数突破 1500 万，这一增速是 ChatGPT 的 13 倍，使其成为全球日活跃用户增速最快的 AI 应用。

DeepSeek 之所以能够迅速风靡全球，背后有多重因素的推动与催化。

1. 普通用户视角

对于普通用户，DeepSeek-R1 模型在数学、代码、自然语言推理等任务上的性能已经与 OpenAI o1 正式版相当。

科技媒体 Ars Technica 的资深编辑将 DeepSeek-R1 模型与 OpenAI 的模型进行对比测试，让模型解答以下 8 个题目。

（1）写五个原创的老爸笑话。

（2）写一篇关于亚伯拉罕·林肯发明篮球的两段创意故事。

（3）写一段短文，其中每句话的第二个字母拼出单词 CODE。这段文字应显得自然，不要明显暴露这一模式。

（4）如果 Magenta 这个城镇不存在，这种颜色还会被称为"品红"（magenta）吗？

（5）第 10 亿个质数是多少？

（6）我需要你帮我制定一个时间表，基于以下几点：我的飞机早上 6:30 起飞、需要在起飞前 1 小时到达机场、去机场需要 45 分钟、我需要 1 小时来穿衣和吃早餐。

（7）在我的厨房里，有一张桌子，上面放着一个杯子，杯子里有一个球。我把杯子移到了卧室的床上，并将杯子倒过来。然后，我再次拿起杯子，移到了主房间。现在，球在哪里？

（8）请提供一个包含 10 个自然数的列表，要求满足：至少有 1 个是质数，至少 6 个是奇数，至少 2 个是 2 的幂次方，并且这 10 个数的总位数不少于 25 位。

以上 8 个题目，DeepSeek-R1 成功解决 5 个，OpenAI o1 解决 2 个，OpenAI o1 Pro 解决 4 个。

在费用方面，DeepSeek-R1 的使用完全免费，且不受次数限制。相比之下，GPT-o1 plus 每月费用为 20 美元，但每周使用次数仅限于 50 次；而 GPT-o1 pro 则每月收费 200

美元，提供每周无限制的使用权限。

更值得关注的是，DeepSeek-R1 模型在后训练阶段大规模使用了强化学习技术，极大提升了模型的推理能力，其性能在数学、代码、自然语言推理等任务上与 OpenAI o1 正式版相媲美。此外，DeepSeek-R1 完全开源，支持免费商用、任意修改和衍生开发，并且支持联网功能，使得用户可以快速查找设备中储存的内容以及在互联网中进行实时搜索。2022 年 11 月 30 日 ChatGPT 的发布让大模型进入大众视野，而两年后的 DeepSeek-R1 则是让一个足够优秀的模型变得触手可及。

2. 行业视角

DeepSeek 开源 DeepSeek-R1 模型在全世界的 AI 行业引起强烈震动，令很多公司陷入恐慌。其中，同样推崇开源的 Meta 首当其冲，感受到了巨大的压力，而 OpenAI 或许是最为惶恐的一方。

DeepSeek-R1 模型的综合实力足以匹敌 OpenAI 的最强推理模型 GPT-o1，但其训练成本仅为 557.6 万美元，约为同类模型的十分之一，甚至三十分之一。这足以令"不花费几十亿在计算资源上就别想挑战 AI 行业巨头"的言论汗颜。

受 DeepSeek-R1 推出的影响，OpenAI 被迫推出免费版模型（如 o3-mini）应对竞争。2025 年 1 月 27 日，据 Information 网站，Facebook 母公司 Meta 成立了四个小组专门研究 DeepSeek 的工作原理，并基于此来改进旗下大模型 Llama。其中，两个小组正致力于探究 DeepSeek 降低训练和运行成本的方法；第三个研究小组则正在研究其可能使用了哪些数据来训练其模型；第四个小组正在考虑基于 DeepSeek 模型属性重构 Meta 模型的新技术。

DeepSeek 的 GitHub 关注度迅速超越 Llama3，全球开源排名第一，其开源影响力可见一斑。

3. 国家战略意义

DeepSeek 的诞生在国家战略层面具有深远影响，它不仅突破了美国主导的"星际之门计划"，还成功验证了高性价比技术路径的可行性。这一壮举引发了全球 AI 格局的深刻变革，激励着各国加速构建自主的大模型生态系统。

综上所述，DeepSeek 凭借低成本高性能模型的技术突破、开源低价的市场策略、幻方量化的资本助力，以及行业专家的高度评价与媒体的广泛关注，这四大因素共同推动了其在全球范围内的迅速崛起。

DeepSeek-R1 挑战了 OpenAI 的行业地位，还可能推动全球 AI 技术向更高效、普惠的方向发展。

1.3.2　DeepSeek 的核心能力

DeepSeek 致力于以先进的多模态处理能力和行业场景化解决方案，为用户提供智能化、高效化的协同支持。DeepSeek 提供智能对话、文本生成、语义理解、计算推理、代码生成补全等应用场景，支持联网搜索与深度思考模式，同时支持文件上传，能够扫描读取各类文件及图片中的文字内容。

DeepSeek 的核心技术能力主要体现在以下几个方面。

（1）自然语言交互。具备复杂的语义理解、逻辑推理及生成能力，可精准响应用户的多样化文本需求，涵盖智能问答、多语言翻译、内容创作、知识总结等场景。

（2）代码与数据分析。支持代码生成修正、数据清洗分析及可视化呈现，助力开发者提升编程效率，辅助决策者洞察数据价值。

（3）多模态交互与生成。集成文本、图像、音视频等多模态信息处理能力，可完成跨媒介内容创作与信息结构化提取。

DeepSeek 正在重新定义生产力的边界——从基层员工到管理层，从个体创作者到跨国企业，人人都能拥有专属的智能工作伙伴。这种改变不是替代人类，而是让专业工作者从重复劳动中解放，聚焦真正需要创造力的领域。

下面简单列举几个 DeepSeek 可深度赋能的领域和方向。

（1）企业智能协同：提供文档智能处理、自动会议纪要生成、合同快速审核等办公自动化服务，进一步提升企业运营效率。

（2）教育与科研支持：支持个性化学习方案定制、知识点解析及实验模拟，辅助教育工作者与科研人员提升效率。

（3）开发者工具生态：提供智能代码补全、高效调试优化等全流程开发支持，降低编程难度，加速技术创新进程。

当然，DeepSeek 的应用领域远不止上述列举的方向，而是各行各业。当教师不再被作业批改束缚，医生不必淹没在影像分析中，程序员摆脱重复性代码撰写，人类社会将迎来新一轮认知效率的跃迁。

1.4 DeepSeek 的产品系列

扫码看视频

1. DeepSeek 的发展历程

2023 年 7 月 17 日，DeepSeek 所属公司深度求索公司成立，背后是著名量化私募幻方基金。

2024 年 1 月 5 日，正式发布 DeepSeek LLM，这是深度求索公司发布的第一个 AI 大模型。

2024 年 12 月 26 日，DeepSeek-V3 版本上线并同步开源。测评结果一出，即刻震惊海外业界。

2025 年 1 月 15 日，DeepSeek 官方 App 正式发布，可从官网或各大应用市场下载。

2025 年 1 月 20 日，DeepSeek-AI 推出的推理模型 DeepSeek-R1 正式发布，并同步开源（MIT 协议）。

根据最新的 AI 模型性能测试，DeepSeek-R1 在推理任务中的表现与 OpenAI 的 o1 正式版相当，甚至在某些方面略胜一筹。同时，DeepSeek API 的训练价格仅为 OpenAI o1 的 3.7%，这一价格优势再次震惊海外，导致全球算力市场动荡，连英伟达公司的神话地位都受到了挑战。

2. DeepSeek 的开源版本

DeepSeek-R1 开源了自身代码，并成功衍生出参数范围从 1.5B 到 70B 的多版本蒸馏模型。这些蒸馏模型的部署成本极低，已有开发者成功将其在移动端运行，并整合至阅文集团的作家助手中，助力文学创作。

具体来说，DeepSeek 共开源了"2+6"个模型。其中，2 表示 DeepSeek-R1 的两个主要版本，预览版（DeepSeek-R1-Zero）和正式版（DeepSeek-R1）；6 表示基于 Llama 和 Qwen 蒸馏的 6 个密集模型（DeepSeek-R1-Distill）。

要知道，R1 预览版和正式版的参数高达 660B，非一般的公司能用。为了进一步平权，DeepSeek 就蒸馏了 6 个小模型（见表 1.1），并开源给社区。最小的蒸馏模型参数量仅为 1.5B，拥有 10GB 显存的计算机即可顺畅运行。

表 1.1 DeepSeek 蒸馏版本

DeepSeek 蒸馏模型	基础模型
DeepSeek-R1-Distill-Qwen-1.5B	Qwen2.5-Math-1.5B
DeepSeek-R1-Distill-Qwen-7B	Qwen2.5-Math-7B
DeepSeek-R1-Distill-Llama-8B	Llama-3.1-8B
DeepSeek-R1-Distill-Qwen-14B	Qwen2.5-14B
DeepSeek-R1-Distill-Qwen-32B	Qwen2.5-32B
DeepSeek-R1-Distill-Llama-70B	Llama-3.3-70B-Instruct

2025年1月27日，DeepSeek 正式推出了其最新的开源多模态 AI 模型系列——Janus-Pro 和 JanusFlow。这些模型的参数大小介于10亿至70亿之间，它们不仅在技术上取得了显著进步，而且在基准测试中表现出色，例如，Janus-Pro-7B 在 GenEval 和 DPG-Bench 基准测试中的准确率分别达到了 80% 和 84.2%。这些模型的开源特性使得它们易于被开发者社区采纳，并有望推动多模态技术的不断进步。名称来源于古罗马神话中的双面神雅努斯（Janus），它同时面向过去与未来。Janus 系列模型参数如表 1.2 所示。

表 1.2 Janus 系列模型

模型	序列长度
Janus-1.3B	4096
JanusFlow-1.3B	4096
Janus-Pro-1B	4096
Janus-Pro-7B	4096

第 2 章

DeepSeek 的使用方式

扫码看视频

　　DeepSeek 的推出使得普通用户能够以更低的成本使用性能更强大的大模型。本章将详细讲解 DeepSeek 的多种使用方式。无论你是需要在手机上随时提问的普通用户，还是需要将大模型嵌入应用系统的高阶用户，都可以找到适合你的使用方式。

2.1　普通用户的使用方式

扫码看视频

　　对于普通用户，可以通过以下两种方式使用 DeepSeek。

　　方式一：直接访问网页版 DeepSeek，网页地址为 https://chat.deepseek.com。为了方便大家访问，用户只需在地址栏中输入"ai.com"并按 Enter 键，即可快速访问 DeepSeek 官网。

　　方式二：各大应用商店搜索 DeepSeek，下载并安装使用。

　　下面以网页版 DeepSeek 为例介绍其使用方法。登录 DeepSeek 官网页面，首次使用时需要用户注册账号，登录成功后，即可进入提问窗口，如图 2.1 所示。

　　网页提问窗口中设有对话输入框，用户只需在此输入文字指令、问题或需求，即可与 DeepSeek 进行对话交互。页面左侧设有历史记录栏，方便用户随时回顾之前的交流内容。

图 2.1　DeepSeek 官方网页

"深入思考（R1）"按钮位于输入框下方左侧。单击此按钮，用户即可启用功能强大的 DeepSeek-R1 模型。当你需要更简单快速的回答时，不必打开"深度思考"，使用默认的 DeepSeek-V3 模型即可。当你需要完成复杂的任务，希望 AI 输出的内容更结构化、更深思熟虑时，应该打开"深度思考"，这也是本书主要使用的模型。

单击"联网搜索"按钮，DeepSeek 就能从互联网获取最新信息，为用户提供更具时效性的参考内容。

当任务涉及的知识在 2023 年 12 月之前时，无需打开"联网搜索"功能，大模型本身就有此前被充分训练过的语料知识。当任务涉及的知识在 2023 年 12 月及以后时，必须打开"联网搜索"功能，否则大模型在回答时会缺乏相应的知识。

输入框右下方的回形针图标⬚用于上传附件。单击它可以上传文档或图片，支持的格式包括 PDF、docx、txt，以及带有文字的图片。不过，目前 DeepSeek 只支持识别文件中的文字内容，无文字文件暂不支持。上传文件可提供丰富的背景信息，助力 DeepSeek 理解用户需求或模仿特定的文字风格。

2.2　高阶用户的使用方式

直接访问和使用 DeepSeek App 时，经常遇到访问人数过多，响应失败的情况。对于需求更为复杂的高阶用户而言，这显然是无法满足需求的。下面介绍三种可供高阶用户使用的常见方式。

2.2.1　调用 API+DeepSeek 服务器

高阶用户可访问 https://platform.deepseek.com/usage，获取 DeepSeek 的 API 密钥，并将其无缝集成至自身应用中。

扫码看视频

这种方式的特点是用户可以灵活集成 DeepSeek，缺点是需要使用 DeepSeek 的服务器。众所周知，DeepSeek 的服务器资源十分紧张，有时无法提供稳定的服务，并且已经关闭了官方的 API 充值服务。鉴于此，这里并不推荐此方案，故省略其具体操作步骤的阐述。

2.2.2 通过第三方平台使用 DeepSeek

扫码看视频

由于 DeepSeek 已经开源，很多第三方平台服务器也部署了 DeepSeek 的大模型。访问第三方平台服务器，用户可以获得比较流畅的使用体验。这里主要推荐两个平台——秘塔搜索和硅基流动。

1. 秘塔搜索

秘塔搜索已集成完整版 DeepSeek-R1 推理模型，用户可直接在提问框中提问。秘塔搜索的使用很简单，直接访问其网址 https://metaso.cn/ 即可，如图 2.2 所示。

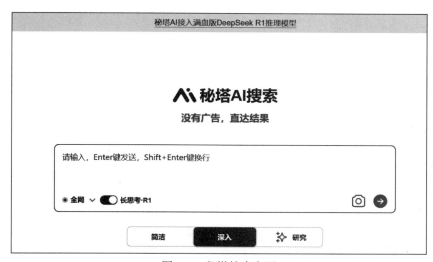

图 2.2 秘塔搜索官网

注意，秘塔搜索默认启用联网搜索功能，且不支持关闭。

2. 硅基流动

硅基流动平台提供了众多大模型供用户选择，以满足不同需求。

1）注册账号

访问硅基流动的官网地址 https://siliconflow.cn/zh-cn/models，单击右上方的 LogIn 按钮，如图 2.3 所示，如果没有账号先注册账号。注册完成后，新用户将获得 2000 个免费 token。

图 2.3　硅基流动官网

2）生成 API 密钥

（1）账号注册成功并登录后，进入硅基流动的模型广场，如图 2.4 所示。这里提供了各种规模的 DeepSeek 大模型，包括完整版 DeepSeek-R1、指令模型 DeppSeek-V3 以及 R1 的各种蒸馏版本。

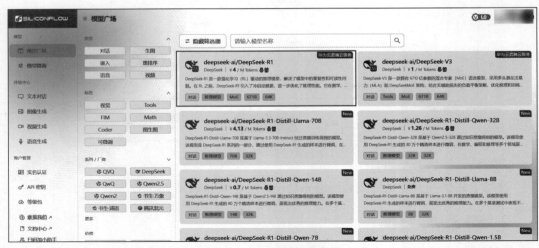

图 2.4　硅基流动模型广场

（2）在模型广场的左侧栏中选择"API 密钥"，在右侧 API 密钥页面中单击"新建 API 密钥"按钮，打开"新建秘钥"对话框，为新建密钥添加描述，然后单击"新建密钥"按钮，如图 2.5 所示。

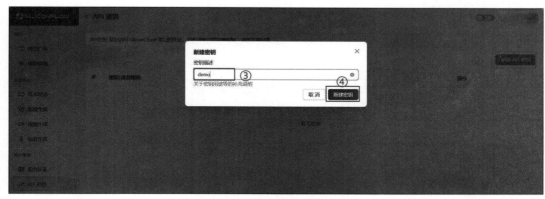

图 2.5　新建 API 密钥页面

（3）创建密钥成功后，单击秘钥进行复制，如图 2.6 所示。

图 2.6　复制密钥

3）集成客户端

（1）用户在硅基流动官网获取 API 密钥后，需将其集成至个人客户端。DeepSeek 官网推荐的集成工具有很多，可以访问网址 https://github.com/deepseek-ai/awesome-deepseek-integration/blob/main/README_cn.md 自行选择。这里推荐选用 Cherry Studio 客户端工具，如图 2.7 所示，可访问 Cherry Studio 官网下载对应安装包，具体操作图示请参考前文。在本书附赠的资料中也提供了 Cherry Studio 的安装包。

Cherry Studio 的安装过程非常简单，此处省略安装过程。

（2）Cherry Studio 安装完毕，单击左侧边栏下方的设置按钮，然后选择"模型服务"→"硅基流动"选项,在右侧配置栏粘贴 API 密钥,并启用右上角的开关按钮,如图 2.8 所示。

图 2.7 Cherry Studio 客户端工具

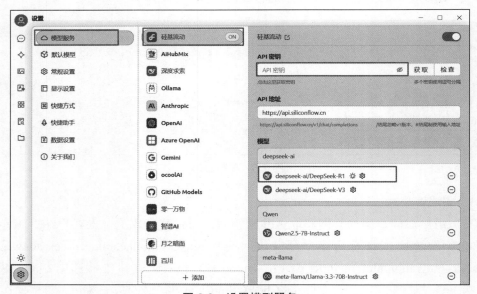

图 2.8 设置模型服务

(3)设置完成后,选择页面左侧的"默认助手",然后在对话区域的上方选择模型种类,如图 2.9 所示。

第 2 章　DeepSeek 的使用方式

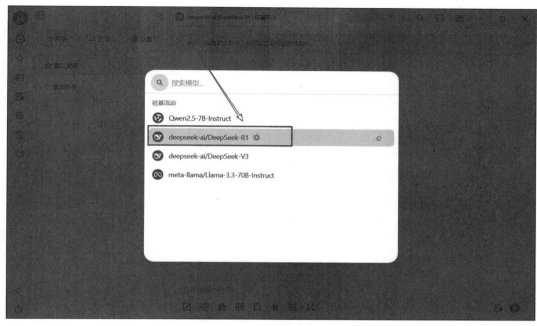

图 2.9　模型种类

（4）设置完毕，就可以在对话区域发起对话了，如图 2.10 所示。

图 2.10　发起对话

注意，注册硅基流动账号时赠送的 token 可能导致响应速度不够快，偶尔出现响应超时的情况。因此，建议进行适量的余额充值，以获得更流畅的使用体验。

4）余额充值

（1）在硅基流动的主页面左侧找到"余额充值"，在充值前需要进行个人实名认证，认证完成后即可充值。充值完成需要回到 Cherry Studio，对模型服务重新配置，如图 2.11 所示。

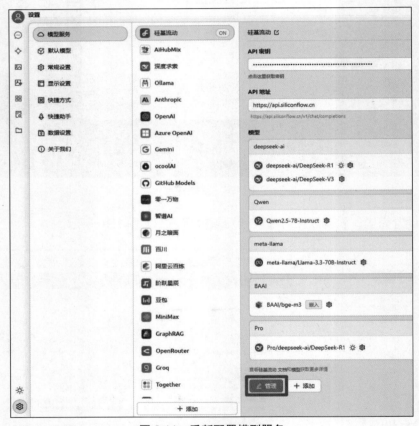

图 2.11　重新配置模型服务

（2）单击"管理"按钮，查找 Pro/deepseek-ai/DeepSeek-R1，将其添加到模型列表中，如图 2.12 所示。

（3）回到对话窗口，在默认助手的模型种类处，选择 Pro/deepseek-ai/DeepSeek-R1，如图 2.13 所示，即可享受较为流畅的使用体验。

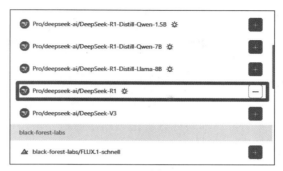

图 2.12 添加到模型列表

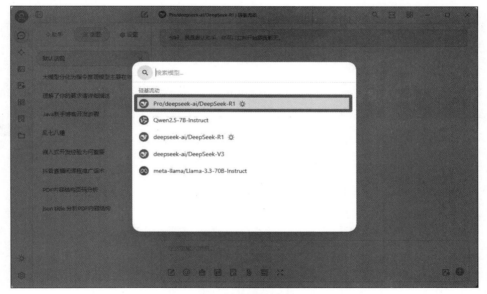

图 2.13 选择模型

2.2.3 本地算力部署

扫码看视频

由于 DeepSeek 已开源，因此高阶用户可以去 GitHub 下载 DeepSeek 模型，进行本地算力部署，即在本地计算机或者服务器上部署 DeepSeek 模型。

该方式的特点是不需要联网即可在本地使用大模型，适合对数据隐私和安全性能要求较高的用户，以及一些不能联网的保密机构。当然，本地算力部署对本地计算机或服务器的性能（如内存和显存）的要求比较高。

1. 版本选择

可本地部署的 DeepSeek 模型版本有以下几种。

（1）完整版 DeepSeek-R1 模型。671B（参数规模）全量模型的文件体积高达 720GB，对于绝大部分人而言，本地计算机很难满足部署要求。

（2）蒸馏版 DeepSeek-R1 模型。DeepSeek 共开源了 6 个蒸馏版模型，最小的蒸馏版模型参数仅为 1.5B，计算机拥有 10GB 的显存即可运行。

2. 部署过程

本地部署大模型需要服务器平台和前端工具，这里选用 Ollama 作为服务平台，选用 Cherry Studio 作为前端工具，下面进行介绍。

1）下载和安装 Ollama

（1）访问 Ollama 官网（https://ollama.com/），下载适合的安装包，如图 2.14 所示。

图 2.14　Ollama 官网

（2）Ollama 的安装过程比较简单，此处不再赘述。安装完成需验证安装是否成功。按 Win+R 快捷键，打开"运行"窗口，输入 cmd 命令，如图 2.15 所示，即可打开命令行界面。

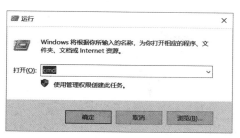

图 2.15　输入 cmd

（3）在命令行窗口中输入命令"ollama -v"，如果可以显示 Ollama 版本，则说明 Ollama 已安装成功，如图 2.16 所示。

图 2.16　显示 Ollama 版本

2）选择并下载模型

（1）访问 Ollama 官网，探索 DeepSeek-R1 模型的多种应用，如图 2.17 所示。

图 2.17　Ollama 官网的模型

（2）在模型下载页面中，选择 DeepSeek-R1 模型，如图 2.18 所示。

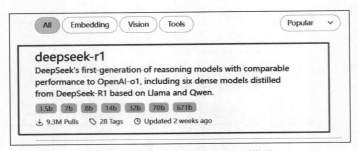

图 2.18 选择 DeepSeek–R1 模型

（3）选择合适规模的模型。

每种模型后都标注了部署对应模型所需的显存规模。其中，B 代表十亿参数量，因此 7B 即表示 70 亿参数量。671B 模型由 HuggingFace 经过 4-bit 标准量化处理，其大小缩减至 404GB。

Ollama 支持 CPU 与 GPU 混合推理，将内存与显存之和大致视为系统的总内存空间。除了 671B 模型参数占用的 404GB 内存和显存空间，实际运行时还需额外预留空间，以支持上下文缓存功能。预留的空间越大，支持的上下文窗口也越大。所以用户需根据个人计算机的配置，评估选择部署哪一个版本。如果想运行 404GB 的 671B，建议内存与显存之和能达到 500GB 以上。

这里我们以 7B 为例进行介绍，该参数量大多数的计算机都能够运行起来，如图 2.19 所示。

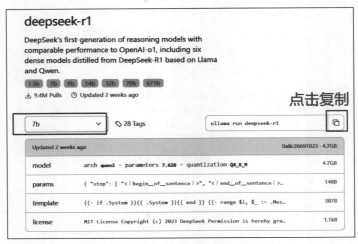

图 2.19 选择 DeepSeek–7B 模型

3）本地运行 DeepSeek 模型

（1）在命令行窗口中，运行命令 ollama run deepseek-r1:7b，如图 2.20 所示。

图 2.20　运行命令

（2）首次运行模型时，需要下载对应的模型文件。该下载支持断点续传，若下载速度变慢，可单击命令行窗口，使用 Ctrl+c 中断下载，随后按方向键↑找到之前的命令 ollama run deepseek-r1:7b 并回车，继续之前的下载进度。

（3）如果不想下载，也可以直接使用本书提供的模型文件。需要注意的是，使用时需按照本节后面介绍的"修改 models 文件夹路径"中的步骤，配置好环境变量和对应 models 文件夹的路径。

（4）下载完成后，自动进入模型，直接在命令行输入问题，即可得到回复。例如，询问"鲨鱼为什么会溺水？"，如图 2.21 所示。

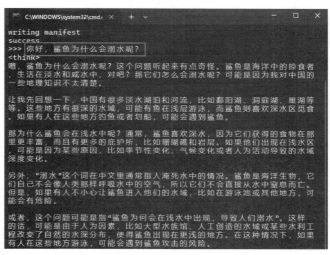

图 2.21　运行结果

（5）输入命令"/?"，可以获取帮助，如图 2.22 所示。输入命令"ollama list"，可以查看已有的模型。

（6）后续如果想再次运行模型，重新运行命令 ollama run deepseek-r1:7b 即可。

```
>>> /?
Available Commands:
  /set            Set session variables
  /show           Show model information
  /load <model>   Load a session or model
  /save <model>   Save your current session
  /clear          Clear session context
  /bye            Exit
  /?, /help       Help for a command
  /? shortcuts    Help for keyboard shortcuts

Use """ to begin a multi-line message.
```

图 2.22 获取帮助

3. 使用客户端工具

使用命令行窗口与大模型对话稍显不便，可以使用 2.2.2 节中安装的 Cherry Studio 作为客户端工具操作大模型。

（1）打开 Cherry Studio，进入模型服务的配置页面，选择 Ollama，如图 2.23 所示，单击"管理"按钮。

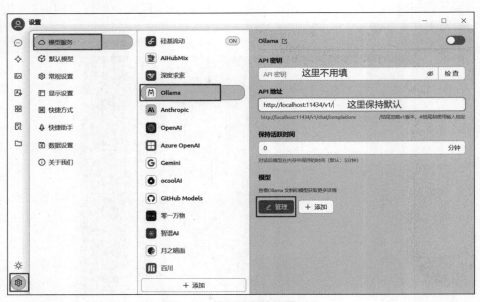

图 2.23 模型服务的配置页面

（2）在弹出的模型选择页面中，添加部署好的本地模型，如图 2.24 所示。若模型列表中未显示刚部署的 DeepSeek-R1 模型，则表明部署未成功。

（3）添加完成后，需要将 Ollama 的开关按钮打开，如图 2.25 所示。

第 2 章 DeepSeek 的使用方式

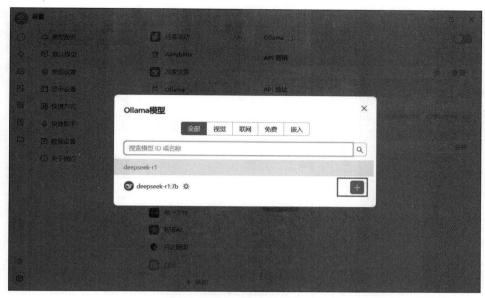

图 2.24 添加部署的本地模型

图 2.25 打开 Ollama 的开关按钮

（4）回到对话窗口，选择 Ollama 的 DeepSeek-R1 模型，如图 2.26 所示。

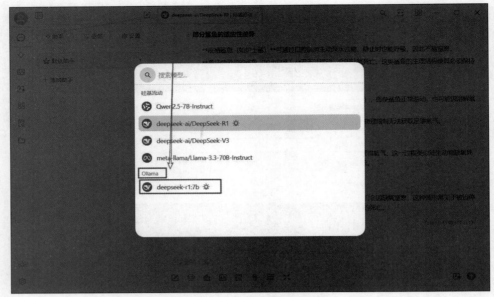

图 2.26　选择 Ollama 的 DeepSeek-R1 模型

（5）在对话窗口即可发起会话，如图 2.27 所示。注意，在使用前需确保 Ollama 已经启动。

图 2.27　发起会话

4. 修改 models 文件夹路径

在 Ollama 下载的模型，默认保存到本地计算机的 C 盘。如果想修改模型的存放位置，可以做如下配置。

（1）将 C 盘中的模型文件夹复制到指定目录。通常，模型的存储路径位于 C:\Users\用户名\.ollama\models 文件夹下。

（2）添加环境变量。在桌面上右击"此电脑"图标，在弹出的快捷菜单中选择"属性"命令，打开"设置"面板，在右侧栏中选择"高级系统设置"命令，打开"系统属性"对话框，选择"高级"选项卡，单击"环境变量"按钮，如图 2.28 所示。

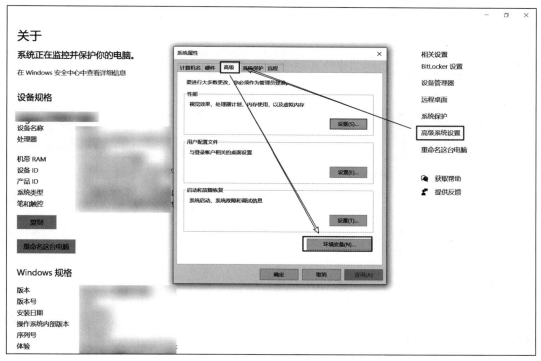

图 2.28　添加环境变量

（3）打开"环境变量"对话框，单击"新建"按钮，在弹出的"编辑系统变量"对话框中输入变量名和变量值，如图 2.29 所示，然后依次单击"确定"按钮退出。

（4）配置完成后，重启 Ollama 客户端。在状态栏中右击 Ollama 图标，在弹出的快捷菜单中选择"Quit Ollama"命令退出，如图 2.30 所示，随后重新启动 Ollama。

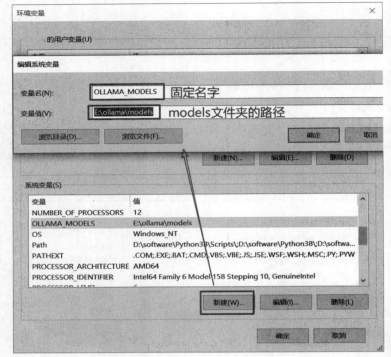

图 2.29 添加模型路径

图 2.30 退出 Ollama

（5）运行 Ollama，按 Win+R 组合键打开"运行"窗口，输入命令 Ollama list。若显示模型，则表明配置成功；若模型列表为空，则表明配置未成功，此时应重新核查之前的步骤是否正确执行。

5. DeepSeek-R1 671B 的部署方案

为满足企业对大模型私有化部署需求，DeepSeek-R1 671B 完整版需配置高性能硬件环境。系统部署支持物理机与云服务器两种模式，建议采用以下方案。

方案一：全内存架构工作站。推荐配置如下。

（1）推荐 Apple Mac Studio M 系列机型（如 X 平台案例：两台 192GB 统一内存并行支撑 3-bit 量化版）。

（2）通过全集成内存消除带宽瓶颈，单机内存容量可扩展至 384GB。

方案二：高端企业级服务器。推荐配置如下。

（1）DDR5 4800 高频内存（参考 HuggingFace 案例：24 通道 ×16GB 方案）。

（2）支持高吞吐的 CPU 架构（如 AMD EPYC 或 Intel 至强 Scalable 系列）。

（3）总内存建议按量化模组 404GB+ 运行缓冲规划 500GB+ 内存/显存组合。

方案三：云 GPU 集群方案。推荐配置如下。

（1）NVIDIA H100 GPU（单卡 80GB HBM3 显存）

（2）双卡及以上拓扑结构（时租成本约 2 美元/卡），其特征是支持 FP8/FP16 混合精度计算，实测推理速度可达 10+ token/秒

DeepSeek-R1 671B 部署流程如下。

（1）基础环境搭建。访问 Ollama 官网，下载对应操作系统的服务端程序（Linux/Windows/macOS）。

（2）模型载入执行。通过 CLI 命令 ollama run deepseek-r1-671b 启动服务，系统会自动完成 404GB 量化模型的下载与部署验证工作。

（3）应用对接开发。调用 Ollama REST API（默认端口为 11434），支持通过 WebSocket/HTTP 协议进行指令交互，开发者可以将其集成到自己的系统中或定制专属的前端界面。

注意，该部署流程保持与 7B 轻量级版本一致的标准化操作，企业 IT 人员可直接复用既有运维体系。建议通过 Docker 容器化部署提升版本管理效率，实测中需保证 500GB 内存余量以维持稳定推理性能。

第 3 章 提示词的基本理论

如果说人工智能如同一台精密运作的机器,那么提示词(prompt)便是解锁其无限潜能的密钥。在人类与 AI 的协作中,提示词构建了思维传递的桥梁,它不仅决定着机器理解任务的精度,更影响着智能系统创造性输出的边界。从简单的指令对话到复杂的文本生成,这些看似平凡的文字组合,实则蕴含着语言逻辑的严谨、心理学原理的深刻以及机器认知机制的精妙融合。

本章我们将从最基础的问题入手:什么是提示词?如何针对不同的模型、不同的问题选用合适的提示词结构?通过了解提示词,你会发现自己不再是与机器博弈,而是在用更聪明的方式,把人类独有的想象力转化为 AI 听得懂的语言。这场跨越碳基与硅基思维的对话,其实才刚刚开始。

3.1 认识提示词

提示词是用户输入 AI 系统的指令或信息,用于引导 AI 生成特定的输出或执行特定的任务。简单来说,提示词就是我们与 AI "对话"时所使用的语言,它可以是一个简单的问题,一段详细的指令,也可以是一个复杂的任务描述。

提示词的基本结构包括指令、上下文和期望。

(1)指令(instruction):这是提示词的核心,明确告诉 AI 你希望它执行什么任务。

（2）上下文（context）：为AI提供背景信息，帮助它更准确地理解和执行任务。

（3）期望（expectation）：明确或隐含地表达你对AI输出的要求和预期

提示词是人类与AI系统交互的语言载体，其核心功能是完成从主观意图到机器可执行指令的精确转化。根据2023年OpenAI的研究，85%的AI生成结果偏差源自提示词设计缺陷，而非模型能力局限。例如，OpenAI的AI检测器在区分人类写作和AI写作时，正确率只有26%，并且有9%的误报。这一现象揭示提示词需解决下面两个关键问题。

（1）需求收敛：将模糊意图转化为要素完备的任务框架。

（2）信息无损传递：规避语言表述中的语义折损。

3.2　提示词使用策略

用户在选择大模型时，应优先根据任务类型，而非模型热度进行选择。例如，数学推理等逻辑性强的任务应选择专门优化的推理模型，而创意生成、开放式对话等灵活需求的任务则适合通用模型。

不同的模型，需要使用不同的提示词策略。

（1）对于推理模型，提示词应简洁明了，因为模型已具备推理逻辑，只需要明确任务目标和需求，不用过多指导，模型即可自行生成结构化推理。如果强行拆解步骤，反而可能限制其能力发挥。

（2）对于指令模型，提示词需明确引导其推理步骤，以防遗漏关键的逻辑。换句话说，指令模型更依赖提示词，提示词可补偿其能力的短板。

简而言之，推理模型的提示语需简洁明确，直接聚焦目标，避免冗余信息。例如，通过"请逐步推导以下方程的解"等指令，信任其内化的逻辑能力。指令模型的提示语需提供结构化引导，补充其可能缺失的约束条件。例如，使用分步骤框架（如"首先生成大纲，再填充细节"）或明确限定范围（如"以科普风格撰写"）。

设计提示语时，需尽量避免进入如下误区。

（1）推理模型：忌用角色扮演、隐喻等"启发式"提示，以免干扰其核心逻辑链条。

（2）指令模型：避免过度信任其复杂推理能力。处理多步骤问题时，需拆分任务并逐层验证结果，而非直接询问完整答案。

通过精准选择模型、巧妙适配提示策略，并有效规避常见错误，可以大幅度提高任务执行的效率与质量。

提示词的使用时而简单明了，直接下达指令；时而围绕需求，详尽阐述，具体的提示词使用策略如表 3.1 所示。

表 3.1 提示词使用策略

策略类型	定义与目标	适用场景	示例（推理模型适用）	优势与风险
指令驱动	直接给出明确步骤或格式要求	简单任务、需快速执行	"用 Python 编写快速排序函数，输出需包含注释"	结果精准高效 限制模型自主优化空间
需求导向	描述问题背景与目标，由模型规划解决路径	复杂问题、需模型自主推理	"我需要优化用户登录流程，请分析当前瓶颈并提出 3 种方案"	激发模型深层推理 需清晰定义需求边界
混合模式	结合需求描述与关键约束条件	平衡灵活性与可控性	"设计一个杭州三日游计划，要求包含西湖和灵隐寺，且预算控制在 2000 元以内"	兼顾目标与细节 需避免过度约束
启发式提问	通过提问引导模型主动思考	探索性问题、需模型解释逻辑	"为什么选择梯度下降法解决此优化问题？请对比其他算法"	触发模型自解释能力，可能偏离核心目标

当我们选择"指令驱动"的提示词策略时，具体如何编写提示词，应根据任务类型来决定，重点在于如何下达指令，如表 3.2 所示。

表 3.2 根据任务类型写提示词

任务类型	适用模型	提示语侧重点	示例（有效提示）	需避免的提示策略
数学证明	推理模型	直接提问，无需分步引导	"证明勾股定理"	冗余拆解（"先画图，再列公式"）
	通用模型	显式要求分步思考，提供示例	"请分三步推导勾股定理，参考步骤……"	直接提问
创意写作	推理模型	鼓励发散性，设定角色/风格	"以海明威的风格写一个冒险故事"	过度的约束逻辑（"按时间顺序列出"）
	通用模型	需明确约束目标，避免自由发挥	"写一个包含量子和沙漠的短篇小说，不超过200字"	开放式指令（"自由创作"）

续表

任务类型	适用模型	提示语侧重点	示例（有效提示）	需避免的提示策略
代码生成	推理模型	简洁需求，信任模型逻辑	"用 Python 实现快速排序"	分步指导（"先写递归函数"）
	通用模型	细化步骤，明确输入输出格式	"先解释快速排序原理，再写出代码并测试示例"	模糊需求（"写个排序代码"）
多轮对话	推理模型	自然交互，无需结构化指令	"你觉得人工智能的未来会怎样？"	强制化逻辑链条（"分三点回答"）
	通用模型	需明确对话目标，避免开放发散	"从技术、伦理、经济三方面分析 AI 的未来"	情感化提问（"你害怕 AI 吗"）
逻辑分析	推理模型	直接抛出复杂问题	"分析电车难题中的功利主义与道德主义冲突"	添加主观引导（"你认为哪种对"）
	通用模型	需拆分问题，逐步追问	"先解释电车难题的定义，再对比两种伦理观的差异"	一次性提问复杂逻辑

当我们选择"需求导向"的提示词策略时，具体如何编写提示词，应根据需求类型来决定，重点在于如何向 AI 表达需求，如表 3.3 所示。

表 3.3　根据需求类型写提示词

需求类型	特点	需求表达公式	推理模型适配策略	通用模型适配策略
决策需求	需权衡选项、评估风险、选择最优解	目标 + 选项 + 评估标准	要求逻辑推演和量化分析	直接建议、依赖模型经验归纳
分析需求	需深度理解数据、信息、发现模式或因果关系	问题 + 数据/信息 + 分析方法	触发因果链推导与假设验证	表层总结或分类
创造性需求	需生成新颖内容（文本、设计、方案）	主题 + 风格/约束 + 创新方向	结合逻辑框架生成结构化创意	自由发散，依赖示例引导
验证需求	需检查逻辑自洽性、数据可靠性或方案可行性	结论/方案 + 验证方法 + 风险点	自主设计验证路径并排查矛盾	简单确认、缺乏深度推演
执行需求	需完成具体操作	任务 + 步骤约束 + 输出格式	自主优化步骤，兼顾效率与正确性	严格按指令执行，无自主优化

3.3 设计提示词需要的核心技能

设计提示词的核心技能体系不仅涵盖了技术层面的专业知识,更强调了认知能力、创新思维和软实力的重要性。这些核心技能构成了提示词设计的基础,涵盖了从问题分析到创意生成,再到结果优化的全过程。

3.3.1 提示词基础技能

设计提示词需掌握下列多项核心技能。

1. 问题重构能力

(1)将复杂模糊的人类需求转化为清晰的结构化 AI 任务。
(2)识别问题的核心要素和约束条件。
(3)设计清晰、精确的提示词结构。

2. 创意引导能力

(1)设计能激发出 AI 创新思维的提示词。
(2)利用类比、反向思考等技巧,拓展 AI 输出的可能性。
(3)巧妙结合不同领域的概念,产生跨界创新。

3. 结果优化能力

(1)分析 AI 输出结果,识别并确定改进空间。
(2)通过迭代调整提示词,优化输出质量。
(3)设计评估标准,量化提示词效果。

4. 跨域整合能力

(1)将专业领域的知识转化为有效的提示词。
(2)利用提示词联结不同的学科和 AI 能力。
(3)创造跨领域的创新解决方案。

5. 系统思维

（1）设计多步骤、多维度的提示词体系。
（2）构建高效的提示词模板库，确保输出的一致性和效率。
（3）开发提示词策略，以应对复杂场景。

3.3.2 提示词进阶技能

除上面介绍外，提示词工程师还需要掌握很多进阶技能。例如，语境理解能力使设计者能够在复杂的社会和文化背景下工作；抽象化能力有助于提高工作效率和拓展应用范围；批判性思考能力是确保 AI 应用可靠性和公平性的关键；创新思维能力推动了 AI 应用的边界拓展；伦理意识则确保了 AI 的发展与社会价值观相符。

1. 语境理解能力

（1）深入分析任务背景和隐含需求。
（2）考虑文化、伦理和法律因素。
（3）预测可能的误解和边界情况。

2. 抽象化能力

（1）识别通用模式，提高提示词的可复用性。
（2）设计灵活、可扩展的提示词模板。
（3）创建适应不同场景的元提示词。

3. 批判性思考能力

（1）客观评估 AI 输出，识别潜在偏见和错误。
（2）设计反事实提示词，测试 AI 理解深度。
（3）构建验证机制，确保 AI 输出的可靠性。

4. 创新思维能力

（1）探索非常规的提示词方法。
（2）结合最新 AI 研究成果，拓展应用边界。

（3）设计实验性提示词，推动 AI 能力的进化。

5. 伦理意识

（1）在提示词中嵌入对道德、伦理的考量。
（2）设计公平、包容的 AI 交互模式。
（3）预防和缓解 AI 可能带来的负面影响。

第 4 章
指令模型的使用技巧

DeepSeek-R1 推理模型的推出令世人瞩目，但实际上，DeepSeek-V3 指令模型同样功能强大，且在部分任务中表现了更高的效率和便利性。本章主要讲解指令模型的使用技巧，通过学习本章内容，读者可以了解指令模型适配的任务场景，更好地发挥指令模型的性能潜力。

4.1 指令模型适配任务场景

指令模型在快速响应、结构化输出与流程控制场景中表现尤为突出，以下通过具体案例详解其应用场景。

4.1.1 快速响应场景

快速响应场景的特点是要求快速反馈，指令模型优化了性能，适合即时性要求高的任务，如即时问答、百科知识查询、内容创作。

举例 1：医疗问诊实时辅助（提示词示例）。

用户指令

"正在服用阿司匹林,突然发烧能否使用布洛芬?需考虑以下因素:
- 患者年龄:68岁
- 病史:高血压二期
- 当前用药:阿司匹林肠溶片 100mg/日"

指令模型处理逻辑
1. 药物相互作用检测 → 检查 NSAIDs 与抗凝血剂联用风险
2. 年龄适配分析 → 评估老年人消化道出血风险系数
3. 替代方案建议 → 推荐物理降温方案及对乙酰氨基酚用量

输出示例
【用药警告】阿司匹林与布洛芬联用将增加消化道出血风险(OR=3.21)
【建议方案】
1. 首选物理降温(温水擦拭动脉区)
2. 确需用药时:对乙酰氨基酚 ≤ 500mg/次,间隔 ≥ 6h
【风险提示】服药后如出现黑便立即就医

举例2:法律条款精准检索(提示词示例)。

用户指令
"中国劳动法关于加班费的规定:
- 适用地区:深圳市
- 企业类型:外商投资制造业
- 特别要求:对比2018年与2023年标准差异"

处理引擎
1. 地域法律适配 → 加载《深圳经济特区和谐劳动关系促进条例》
2. 时效性验证 → 关联2023年最新司法解释
3. 差异对比 → 构建条款变更映射表

输出示例
【2023年标准】
- 工作日加班:工资的1.5倍 → 2.0倍(深标)
- 休息日加班:2.0倍 → 2.5倍(深标)
【执法重点】
- 须提供调休优先选择权

- 企业违法成本升至 3 倍赔偿

4.1.2　文本生成

　　文本生成是通过结构化模板控制输出规范性的创作场景，聚焦创意约束与标准化表达的平衡，如文章写作、故事创作、诗歌写作、营销文案等。其特征表现如下。

　　（1）精准的格式控制：需明确文体、段落结构、禁忌词库。

　　（2）背景知识注入：预设参考风格、行业术语、文化适配要求。

　　（3）平衡创新与合规：在限定框架内激发创意，规避敏感内容。

举例 1：电商直播话术生成（提示词示例）。

【指令】
角色：头部主播助播
商品：OLED 量子点电视（售价 7999 元）
核心需求：
1. 突出"护眼认证 +120Hz 高刷"
2. 对比竞品（某米 ES Pro 86）参数
3. 埋设 3 个消费痛点：画面拖影 / 蓝光伤眼 / 安装复杂
输出规范：
- 每句话≤ 12 字，感叹号不超过 2 处
- 包含限时优惠话术："前 100 名赠 SoundBar 音响"

举例 2：儿童故事创作（提示词示例）。

【指令】
创作安全教育主题故事：
角色设定：
- 主角：7 岁熊猫朵朵
- 反派：狡猾的狐狸商贩
核心情节：
1. 朵朵独自回家遇陌生人搭讪
2. 运用课堂学习的"安全三步法"脱险
3. 结尾妈妈解释"为什么不能透露住址"
创作要求：
- 每段配拼音注释

- 加入四川方言对话（标注普通话对照）
- 避免恐怖元素

4.1.3 对话系统

指令模型具有灵活的自然语言理解能力，能够处理多样化的对话场景，如客服对话、用户意向收集、智能外呼等。

举例 1：电商售后智能处理（提示词示例）。

```
# 用户诉求
"买的鞋子磨脚想退，但吊牌被我剪了怎么办？"

# 对话逻辑
1. 先发安抚话术："非常理解您的心情，我们会有专员协助处理"
2. 触发业务判断：
    – 验证订单状态（是否超过 7 天）→ 查询 ERP 系统
    – 检查剪标商品政策 → 调取质保条款
3. 动态生成方案：
    方案 A：补偿 20 元优惠券（针对单价 <300 元商品）
    方案 B：免费寄送防磨贴（高价值用户专属）

# 输出示例
客服 Bot："看到您是我们的铂金会员，可以为您特殊申请赠送 3 双减压袜（价值 79 元），或者安排上门取件检测是否符合质量问题，您更倾向哪种方式呢？"
```

举例 2：教育课程咨询（提示词示例）。

```
# 用户对话路径
学生："想学 Python 但零基础……"
Bot:
→ 水平检测（选择题互动）：
   "1. 了解 print() 函数的作用吗？
      A. 完全不懂  B. 听说过  C. 能写出简单代码"
→ 根据选项推荐：
   – 选 A：1980 元入门直播课（赠代码题库）
```

```
- 选 B/C：直接推送 CDA 数据分析就业班试听课——Excel 业务数据分析，该课程已有 943
人加入学习，平均就业率高达 93%，为你的数据分析职业道路打下坚实基础。
→ 未响应提醒："刚刚推荐的课程 24 小时内报名享 8 折优惠！"

# 深层策略
- 记录犹豫时间：超过 20s 未响应时调整话术
- 埋设紧迫感话术："本期仅剩 12 个预约席位"
```

4.1.4　多轮对话

　　指令模型能够理解上下文，维持连续对话的一致性和流畅程度，如开放性问答、角色扮演模拟。多轮对话是通过上下文关联实现深度信息交换的交互场景，核心价值在于连贯的逻辑推理与情感记忆能力。其特点如下。

　　（1）超长记忆窗口：记忆跨度超过 20 轮对话，支持跨天续聊。
　　（2）动态知识解构：针对模糊问题按"Socratic 方法"逐步追问澄清。
　　（3）人格一致性控制：固定角色设定不"崩人设"（如始终维持专业医生身份）。
　　（4）话题引导技术：自然地切换话题的同时保证衔接逻辑（如从旅游咨询引导到签证办理）。

　　举例 1：心理疏导对话（提示词示例）。

```
# 咨询者倾诉
"工作压力太大，最近总失眠……"
Bot 干预流程：
→ 第 1 轮：情感确认（"这种感觉确实很难熬"）
→ 第 3 轮：
    "你提到上周因为项目熬夜制作 PPT，目前该项目进展得怎么样了？"（增强句子连贯性）
→ 第 5 轮：
    引导认知重构："如果把压力值量化，你觉得当前是 8 分还是更高的 10 分？"
→ 第 7 轮：
    提供可操作方案："试试 '番茄工作法' 切割任务，需要具体步骤指导吗？"
```

　　举例 2：法律案件推演（提示词示例）。

```
# 案件模拟
```

> 用户（扮演被告）："借条是酒后签的，我可以不还钱吗？"
> Bot（法官逻辑）：
> → 第一轮追问："当时意识是否清醒？有无视频证据？"
> → 第二轮引导："《中华人民共和国民法典》第一百五十条规定受胁迫签署可撤销"
> → 第三轮假设："如果能找到见证人证明你当时是被灌醉的，那么案情可能会有所反转"
> → 第四轮教学："下次遇到这种情况建议当场报警备案"

4.1.5 编程辅助

指令模型可以提供技术文档处理功能，有助于开发者提高工作效率，如代码注释生成、API 文档生成。

举例 1：测试用例生成（提示词示例）。

```
# 待测函数定义
def divide(a: float, b: float) -> float:    # 增加了注释，说明这是函数定义
    if b == 0:
        raise ValueError(" 除数不能为 0")
    return a / b

# 指令输入
" 生成 Pytest 单元测试，覆盖正常 / 异常场景 "

# 生成用例
`python
def test_divide_normal():
    assert divide(6, 3) == 2.0
    assert abs(divide(5, 2) - 2.5) < 1e-9

def test_divide_zero():
    with pytest.raises(ValueError) as e:
        divide(10, 0)
    assert str(e.value) == " 除数不能为 0"
```

举例 2：Shell 脚本自动化（提示词示例）。

```
# 用户需求
" 监控 Nginx 日志,统计每小时 500 错误的 IP,发邮件报警 "

# 生成脚本
#!/bin/bash
LOGFILE="/var/log/nginx/error.log"
while true; do
    grep $(date +"%d/%b/%Y:%H") $LOGFILE | grep "500" | awk '{print $1}' | sort | uniq -c > /tmp/alert.log
    if [ -s /tmp/alert.txt ]; then
        mail -s "500 错误报警 " ops@example.com < /tmp/alert.log
    fi
    sleep 3600
done
```

4.2 指令模型与结构化提示词

推理模型需要的提示词要求有清晰的目标,结果可以模糊,过程可以省略,而指令模型要求提示词具有清晰的过程到结果的指向性。

指令模型要求的提示词的特性如下。

(1)提示词需要明确的角色设定、任务描述和步骤指导来引导模型生成更符合预期的回答。

(2)需要提供背景信息。但在某些情况下,由于其广泛的训练数据,可能不需要过多的背景解释。

(3)通常输出更为简练,除非特别要求,否则不会主动提供详细的中间步骤。

(4)自我检查机制相对较少,更多依赖外部反馈进行修正。

(5)响应速度快,适用于实时交互场景。

(6)需明确界定自身角色、目标,并视情况提供详尽的执行步骤以引导模型。

通过以上对指令模型需要提示词特性的归纳,我们可以知道,指令模型更适合使用结构化提示词。

所谓结构化提示词,是指通过特定格式或模板组织的提示词,旨在引导模型输出更符合预期的内容。该结构涵盖清晰的指令、上下文、实例及约束条件，可助力模型精准理解任务需求。

下面以 RTGO 和 CO-STAR 为例，一起来认识提示词的结构。

4.2.1 RTGO 提示词结构

RTGO 提示词结构旨在精准设计结构化提示词，确保生成内容符合需求。RTGO 包含 Role（角色）、Task（任务）、Goal（目标）、Output（输出），通过明确这四个要素，可以更清晰地引导模型生成内容的方向。以下是对 RTGO 的具体讲解和举例说明。

1. Role（角色）

功能：明确生成内容的执行者或主体角色，帮助模型理解内容的视角或身份。

示例：角色可以是"专业的产品经理""一位资深销售""一位小学老师"。例如，"假设你是一位带货主播，针对智能家居产品进行推荐。"

2. Task（任务）

功能：明确需要完成的具体任务或行动，让模型知道它需要做什么。

示例：任务可以是"作一篇关于智能扫地机器人的直播口播稿"。例如，"具体任务是生成一段富有吸引力的直播带货文案。"

3. Goal（目标）

功能：明确任务希望实现的最终目标或效果，帮助模型理解内容的核心目标。

示例：目标可以是"提升用户购买意愿""解决用户痛点""让内容更生动有趣"。例如，"目标是突出产品的核心卖点，并吸引用户下单。"

4. Output（输出）

功能：明确生成内容的格式、风格或具体要求，确保生成内容符合预期的形式。

示例：输出形式可以是"一段100字的直播口播文案""一份条理清晰的会议纪要""一个充满幽默感的广告文案"。例如，"具体输出要求是口语化表达，并巧妙融入3个用户痛点。"

RTGO 结构的提示词完整示例如下。

> 场景：生成智能扫地机器人的直播带货口播稿
> Role（角色）：你是一位专业的带货主播。
> Task（任务）：生成一段吸引人的口播稿。
> Goal（目标）：突出产品卖点，解决用户痛点，提升购买意愿。
> Output（输出）：口语化表达，埋设 3 个痛点，每句话 ≤ 15 字。

生成的 RTGO 内容如下。

> 大家好！我是老张！今天推荐一款神器——智能扫地机器人 DS-8000！
> 毛发清理烦恼？一扫而光！DS-8000 以 5200Pa 强劲吸力，轻松应对。
> 消毒麻烦？不用担心！99.9% 除菌率，边扫边消毒！
> 操作繁琐？告别过去！DS-8000 支持语音指令，一句话轻松操控。
> 现在抢购还有限时优惠，赶紧下单！早买早享受！

4.2.2 CO-STAR 提示词结构

CO-STAR 是由新加坡政府科技局数据科学与 AI 团队设计的结构化提示词框架，旨在提升与大语言模型交互的精准度与实用性。CO-STAR 包含 Context（上下文）、Objective（目标）、Style（风格）、Tone（语气）、Audience（受众）、Response（响应格式）六大核心要素。

1. Context（上下文）

功能：提供任务背景信息，帮助模型理解具体场景。
示例：若需生成旅行攻略，需说明目的地、旅行方式（如亲子游、背包客）等背景。

2. Objective（目标）

功能：明确模型需完成的具体任务，避免回答泛化。
示例：要求生成"吸引用户点击的短视频文案标题"而非笼统的"文案"。

3. Style（风格）

功能：指定输出内容的语言风格或角色定位。
示例：可要求"模仿科技博主风格"或"采用学术论文严谨表述"。

4. Tone（语气）

功能：定义情感基调，如正式、幽默或富有同理心。

示例：客户投诉回复需"温和且解决方案明确"，而非中立陈述。

5. Audience（受众）

功能：明确目标用户群体，调整语言复杂度与表达方式。

示例：面向儿童需简化术语，面向专家可增加专业深度。

6. Response（响应格式）

功能：规定输出结构，如列表、JSON 或分段落报告。

示例：要求"以 Markdown 表格呈现对比分析结果"。

CO-STAR 结构的提示词完整示例如下。

> 场景：为智能手表撰写产品推广文案
> Context：新产品为健康监测智能手表，主打 24 小时心率监测、睡眠质量分析功能，目标市场为 25～40 岁职场人群。
> Objective：创作社交媒体推广文案，突出产品差异化优势。
> Style：模仿科技测评博主"钟文泽"的生动讲解风格。
> Tone：轻松活泼且具有专业可信度。
> Audience：关注健康管理、追求高效生活的都市白领。
> Response：输出包含 3 个核心卖点的短视频分镜脚本，每段时长 15s 内。

输出内容如下（节选）：

> 【开场画面】手表特写镜头，画外音："打工人如何用一块表搞定 996 健康危机？"
> 【卖点 1】心率监测动效 + 职场人加班场景："24 小时隐形健康管家，加班心跳异常实时预警！"
> 【卖点 2】睡眠报告图表动画："深度解析 8 小时睡眠，让你看清什么叫无效补觉！"

第 5 章

推理模型的使用技巧

指令模型要求用户掌握结构化提示词技能，正如需要编写详细的操作手册才能驱动精密设备；DeepSeek-R1 推理模型如同具备战略思维的智能助手，用户只需要明确业务目标，模型即可自助规划执行路径。所以在使用推理模型时，需要用到的技巧更多的是表达的技巧。通过本章内容的学习，相信读者会更加熟练推理模型的使用。

5.1 五大基本共识

在学习 DeepSeek-R1 推理模型的使用技巧之前，读者需建立一些基本共识，特别是那些已有提示词使用经验的读者。

5.1.1 共识 1：清空之前的提示词模板

大道至简，重剑无锋。DeepSeek-R1 的提示词技巧，就是没有技巧。

（1）不需要角色设定。
（2）不需要思维链提示。
（3）不需要结构化提示词。
（4）不需要给出示例。

扫码看视频

（5）不需要做太多解释。

若你之前积累了许多提示词模板，那么在开始使用 DeepSeek-R1 之前，彻底摒弃它们。

5.1.2　共识 2：仍需要告诉 AI 足够多的背景信息

使用 DeepSeek-R1 时，仍需要告诉 AI 的背景信息包括以下几点。

（1）干什么？

（2）给谁干？

（3）目的是什么？（即要什么）

（4）约束有哪些？（即不要什么）

注意，提问时需要忘掉的是"形"，即使用 DeepSeek 时不必再拘泥于模板，而不是连你要干什么也不告诉 DeepSeek。对大模型提供必要的背景信息仍然是必需的。

下面来看一个提示词示例：

> 你要为小伙伴们讲述一场关于爱因斯坦相对论的奇妙冒险，就像是一场穿越时空的旅行，让复杂的科学原理变得像童话一样通俗易懂。内容要满满当当，还要穿插些小幽默，让大家在笑声中领悟真谛。记住，千万别让科学变得冷冰冰、枯燥无味哦！

以上提示词给出的背景信息如下。

（1）干什么：写一个关于"如何理解爱因斯坦相对论"的科普文章。

（2）给谁干：给中小学生看。

（3）目的是什么：能通俗易懂、内容充实、幽默，且非常实用。

（4）约束有哪些：不要太 AI 化或枯燥。

5.1.3　共识 3：用乔哈里视窗分析你该告诉 AI 多少信息

扫码看视频

与 AI 对话时，该如何快速判定哪些信息应该告诉 AI，哪些信息不用告诉 AI 呢？可以通过尝试用乔哈里视窗来分析不同情况下如何写提示词。

1955 年，心理学家乔瑟夫·乔哈里（Joseph Luft）和哈里·英格汉姆（Harry Ingham）提出了一个概念——乔哈里视窗。这是一种用于分析和改善人际沟通的工具，它根据"自己知道/自己不知道"和"他人知道/他人不知道"两个维度，将沟通信息分为四个区域：开放区、盲点区、隐藏区和未知区。将双方要沟通的信息放入这些区域，就可以很快得出沟通双方在具体事物认知上的差异，从而确定最有效的沟通方式。例如，双方都知道的事情可以简单说，你知道而对方不知道的事情要细致讲，双方都不知道的事情可以随便聊。

把这个工具稍做改良，把"对面的人是否知道"换成"AI是否知道"，就可以快速框定人机对话时的沟通程度，如图5.1所示。

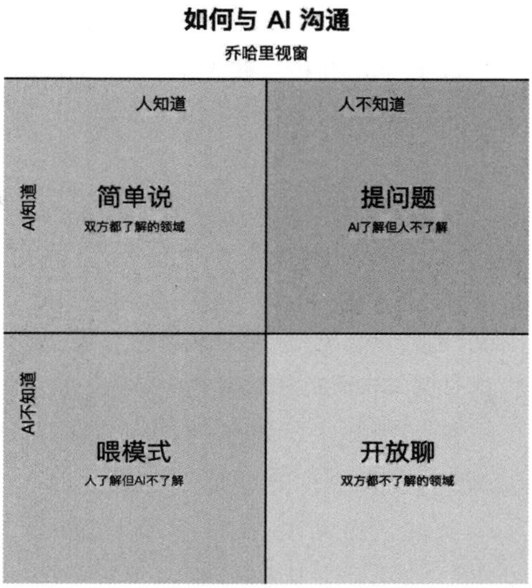

1. 人知道，AI也知道的事情——简单说

对于双方共通的领域，提示词应简明扼要，切忌冗长赘述。

推荐的提示词用法：

> 我是一名小学生，请讲解……

不推荐的提示词用法：

> 我是一名小学生，没有学习过物理、化学，听不懂高深的专业词汇，请讲解……

图 5.1 乔哈里视窗

2. 人知道，AI不知道的事情——喂模式

例如，某企业独有的业务逻辑，AI 是不可能知道的。如果人们已经将其文字化、系统化，就可以采用"喂模式"（feeding pattern）告诉 AI。

下面介绍有几种典型的"喂"的方式。

1）举例法

这是最常见的方式，即通过展示具体案例来实现。例如，教育领域中，教师只需将每名学生独特的学习状况"喂"给 AI，AI 技术就能根据学生的学习情况提供个性化学习计划，打造智慧辅导员系统，持续监控并调整学习计划，以适应每位学生。

2）定义字典

在特定场景中，如需要使用 15 个独有术语时，我们可以专门设置一个定义模块，将这个"定义字典"输入给 AI，这也是在输入模式。

3）RAG（检索增强生成）技术

面对 AI 尚未掌握的数据，人们采用先检索（结合本地与网络资源）再生成（撰写答案）的流程，这本质上仍属于输入处理的范畴。

> 提问 1：2025 年当前，最新的法定年假政策是什么？（联网检索）
> 提问 2：公司今年的年假政策是什么？（提供本地文件）

DeepSeek-R1 刚推出时，很多人惊呼"指定角色这一提示技巧没用了"，这个说法既对也不对。对于"AI 知道，人也知道"的领域来说，确实如此，双方简单沟通即可。很多原本需要详细说明的内容，现在只需简单提示就够了。

但问题在于，对于"AI 不知道，人知道"的领域，如涉及企业独有的业务场景时，怎么让 AI 理解你到底要干什么呢？

例如，当你让 AI 扮演程序员向大众解释什么是面向对象编程，或者你要求 AI 扮演幼师，给小朋友解释什么是光合作用时，简单的角色指定就够了，因为 AI 理解"程序员""幼师"这些角色的含义，也理解"面向对象编程""光合作用"这些概念。对 AI 来说，这些都属于已知领域。

但当涉及企业独有的业务场景，如你要求 AI"你是公司新设立岗位的员工，请完成某项任务"，AI 很可能因为不理解而随意回答。为确保 AI 能准确理解并执行任务，你需要详细补充该岗位的背景信息、具体职能、期望成果及所需专长，因为这属于"AI 不知道，人知道"的区域。

3. 人不知道，AI 知道——提问题

AI 最大的优势就在于它可以通过海量数据学习获得强大的泛化能力。因此，当认知有限的人们和 AI 交流时，最常见是交流方式是提问题（此时位于"人不知道，AI 知道"区域）。通过不断地提问题，可以解决自己的实际需求；通过和 AI 展开深度对话，可以帮助自己在抽象思维的阶梯上不断攀升。这种提升是实实在在的，每个人都能体验到这种成长。

在这一领域，提示词的关键技巧是如何巧妙构思并提出富有洞察力的问题。

例如，面对同样的场景，不同经历的 10 个人提问题时，这些问题一定呈现出不同的层次，有人停留在具象概念层面，有人上升到抽象的工作模式层面，有人能够探讨问题之间的关联性。再比如，一个普通的主持人和一个金牌主持人，同样访谈一个名人，挖掘的信息量和深度可能天差地别。

任何问题背后都存在着更深层的问题，如果能一层层地追问，很多问题都能迎刃而解。换句话说，"提问"本身就可以是一门独立的学科。提问能力，更是未来人类竞争中不可或缺的一项基础能力。

4. 人不知道，AI 也不知道——开放聊

"人不知道，AI 也不知道"区域，永远属于探索人类数学边界的数学家、挑战物理学极限的科学家，以及站在人类知识前沿的顶尖学者们。

这些先驱者虽然站在人类知识的巅峰，但仍时刻仰望星空，有着无穷尽的思考和无数难以破解的问题。通过与 AI 对话，他们可能会获得新的灵感和启发，推动知识的边界继续向外扩展。

当然，对于大多数普通人，我们终其一生可能都在其他三个区域中探索和实践。

5.1.4　共识 4：大白话式交流，得到的结果一点也不差

扫码看视频

有些人在跟 AI 互动时，发现使用提示词模板得到的结果比使用大白话提问得到的结果好很多。但 AI 回答效果差，真的是你使用大白话的缘故吗？还是因为你大白话中提供的有效信息量太少呢？

下面来看两个提问。

> 提问方式 1：帮我写一条独特的 2025 年蛇年拜年短信。
> 提问方式 2：我是初三班主任，教化学，帮我给喜欢二次元的学生写条 2025 蛇年的拜年短信。希望能鼓励他们最后一个学期加把劲中考取得好成绩。别说教。

同样是大白话的提问方式，很显然第 2 种提问方式更有可能得到想要的结果。所以，不是大白话不行，而是信息量太少的大白话不行。你依旧需要告诉 AI 足够多的背景信息，让大模型知道你的偏好，才能为你"量身定做"解决方案。

5.1.5　共识 5：是否需要指定思考步骤，取决于你是否希望 AI 严格执行

在和推理模型交互时，可以把自己想象成具备管理经验的领导，把推理模型想象成聪明的下属。你们之间的沟通原则是你给出模型目标，而不是任务。

通常情况下，避免在提示词中详细规定思考步骤，除非你希望 AI 严格执行你的步骤。这一点凸显了推理模型与传统模型之间的根本差异。DeepSeek-R1 的深度思考通常比人们想得更多，因此很有可能你指定了思维链，对结果反而起到反作用。当然，如果你有特定的方法论，并希望加以验证，需要 AI 严格按照你说的去做，也可以使用思维链。

但在添加思维链之前，强烈建议你和 DeepSeek-R1 自由对话几轮，参考它的思考过程，优化或改进你的步骤。毕竟，一个管理能力欠佳的领导，若采用过于精细的管理手段指挥员工，很可能会严重抑制聪明员工的创造力和积极性。

5.2 八大使用技巧

本节将结合案例讲解推理模型的八大使用技巧。

5.2.1 技巧 1：要求明确

扫码看视频

虽然我们可以抛弃所有以前学习过的结构化提示词框架，但如果你仍然需要有一个万能提示词模板，那就是：你是谁 + 背景信息 + 你的目标。

（1）你是谁：非常有必要的信息。

（2）背景信息：告诉 AI 你为什么要做这件事，你面临的现实背景是什么或问题是什么。让 DeepSeek 将其纳入所生成文本的思考中，这可以让结果更符合你的需要。明确任务背景，避免让模型猜测，可以获得更精准的解决方案。

（3）你的目标：说清楚你需要它帮你做什么，需要做到什么程度。时刻把 DeepSeek 当成一个能力很强但对你的需求一无所知的员工。

千言万语汇聚成一句话，就是用人话清晰地表达你的需求，这就够了。

举例 1：

> 模糊提问：帮我生成为期一个月的减肥计划。
> 明确提问：我是男性，身高 175，体重 170 斤，我希望 1 个月内瘦到 150 斤，请帮我制定一个运动及饮食减肥计划。

举例 2：

> 模糊提问：帮我写一篇关于气候变暖的文章。

明确提问：我是一个科普博主，需要写一篇关于全球变暖对农业影响的科普文章，800字左右，语言通俗易懂。

举例3：

模糊提问：怎么学编程？

明确提问：我是一个编程小白，想从零开始学习Python，请给我一个3个月的学习计划，并推荐适合初学者的资源。

举例4：

模糊提问：写一篇健康生活方式的文章。

明确提问：我是一个记者，需要写一篇约800字，面向年轻人的健康生活方式指南，重点讲运动、饮食和睡眠。

举例5：

模糊提问：帮我写一份辩论赛的策划。

明确提问：我是一名大学生，需要组织一场土木工程学院大一新生的辩论赛。本届大一共有7个班级，约200名学生参与。活动旨在丰富学生的课余生活，促进班级间的交流与合作，同时锻炼学生的口才、思辨能力和团队协作精神。

举例6：

模糊提问：帮我推荐旅游地点。

明确提问：计划7月带父母和5岁孩子去云南旅行，5天预算1万元，请推荐适合家庭的路线（避免高海拔地区），包含交通、住宿和必玩景点。推荐需涵盖昆明、大理、丽江的经典路线，适合家庭游。

举例7：

模糊提问：怎么备考雅思？

明确提问：为了在1个月内将雅思听力从6分提升至7分，每天应学习多长时间？如何安排学习内容？

5.2.2 技巧2：不要定义过程

DeepSeek-R1作为推理模型，完成任务的思维过程非常惊艳，令人印象深刻。因此，建议用户提供清晰的目标，给DeepSeek-R1留出足够的思考

扫码看视频

空间，使其任务执行得更好，而非机械化地执行指令。

你应该像产品经理提需求般描述"要什么"，而不是像程序员写代码般规定"怎么做"。

举例1：错误提问示例，机械拆分反而模糊核心需求。

> 请按以下步骤解答：
> 1. 列出方程的所有可能形式
> 2. 代入数值验证参数
> 3. 检查是否存在整数解的条件
> 问题：方程 3x + 5 = 20 的解是多少？

正确提问示例如下，直接触发 DeepSeek-R1 自主推理流程。

> 方程 3x + 5 = 20 的解是什么？请通过数学逻辑推导给出过程。

举例2：错误提问示例，预设流程干扰对逻辑链的自然拆解。

> 问题：A 说 B 在说谎，B 说 C 在说谎，C 说 A 和 B 都在说谎，推断谁在说真话。要求：
> 步骤1：列出所有人物关系
> 步骤2：排除矛盾选项
> 步骤3：验证时间线

正确提问示例如下，直接暴露矛盾点，触发系统性逻辑验证。

> A、B、C 三人中，A 指控 B 说谎，B 指控 C 说谎，C 指控 A 和 B 说谎。根据逻辑矛盾，推断谁在说真话。

举例3：错误提问示例，碎片化步骤破坏语境整体性。

> 文本："雨持续下了一周，但会议仍未取消"。请分析深层含义。
> 第一段提取情感关键词
> 第二段关联历史背景
> 第三段总结作者意图

正确提问示例如下，直指核心矛盾，引导 DeepSeek-R1 自行构建语义关联。

> 请分析句子"雨持续下了一周，但会议仍未取消"中"但"字的对比隐含了哪些信息？

举例4：错误提问示例，人工分类限制推理深度。

> 问题：某电商用户下单后，频繁取消订单的根本原因可能是什么？

> 列出所有可能原因
> 评估证据支持度
> 选择最优解释

正确提问示例如下，开放问题触发多维度溯源（支付体验、比价意图、系统缺陷等）。

> 某电商用户重复发生"下单后立即取消订单"的行为，可能反映其哪些未被满足的核心诉求？

5.2.3 技巧3：明确受众

扫码看视频

DeepSeek-R1输出的内容过于专业，看不懂怎么办？其实产生这个问题的关键在于AI不知道你是谁，不了解你的理解能力和知识水平。因此，我们需要在提示词中明确受众，让模型根据受众的知识水平调整表达方式。

因此，在提问过程中建议多使用以下提示词：
"说人话，"
"我是一个小学生/初中生/高中生/大学生/博士生/……"（可控升级、非常好用）
"写给广大女性/中老年/青少年/妈妈族/自驾族/程序员/产品经理/主播/……"
清晰表达你在该领域的知识状态，这能让AI更理解你，为你提供更精确的回答。

当你跟AI对话时明确受众、自降身位，你就会发现，一切都通了，一切都能看得懂了。

举例1：

> 错误提问：量子计算机的工作原理是什么？
> 正确提问：量子计算机的工作原理是什么？说人话。

举例2：

> 错误提问：给我解释一下爱因斯坦的相对论。
> 正确提问：我是一个小学生，给我解释一下爱因斯坦的相对论。

举例3：

> 错误提问：给我讲讲机器学习.
> 正确提问：我是刚接触AI的文科生，请用生活案例解释什么是机器学习，要求300字以内，避免数学公式

举例 4：

> 错误提问：请解释：推理模型的思维链技术是一种改进的 Prompt 技术，它通过要求模型在输出最终答案之前，逐步展示中间的推理步骤，从而提升模型在复杂推理任务上的表现。
> 正确提问：我是一名在读博士，请专业解释：推理模型的思维链是如何工作的？

举例 5：

> 错误提问：推荐几本书
> 正确提问：推荐 5 本适合高中生阅读的科幻小说，包含作者和推荐理由。

除了明确受众，还可以明确风格和对标人物，让 DeepSeek 的输出更具个性。

对应的提示词模板：用 ××× 的风格，写一篇主题 ××× 的文章，要求 ×××。

下面来看 5 个使用上述提示词模板的正确提问方式。

> 正确提问 1：玄武门之变的当晚，李世民写下了一段独白。请用李世民的语气，写出他想表达的内容。
> 正确提问 2：模仿董宇辉的风格，写一个 100 字的杭州文旅文案。
> 正确提问 3：模仿朱自清《春》的文风，写一篇关于秋天的散文。
> 正确提问 4：有人说你是 ChatGPT 套壳，用键盘侠的风格怼回去，要求骂人不吐脏字。
> 正确提问 5：为我写一首类似于《阿房宫赋》的文言文，描述中国近代史，融入哲学思考。

5.2.4 技巧 4：联网功能

推理模型优势显著，然而，OpenAI GPT 系列往往不具备联网功能，这就带来了非常多的困扰。因为 OpenAI o1 的知识库截至 2024 年，很多新知识未更新，尤其一些时事。用它分析和梳理最近的一些数据，如美元指数、特朗普新政等，它无法完成，也不能上传文件。

扫码看视频

DeepSeek 是为数不多的可以实现联网搜索的推理大模型。例如，向 DeepSeek 提出如下任务。

> 用鲁迅的文风写一篇 2000 字的公众号文章，分析一下 2025 年春节档的几部爆火的的电影。

未开启联网搜索的前提下，DeepSeek 的深度思考过程如图 5.2 所示。

开启联网搜索后，DeepSeek 的深度思考过程如图 5.3 所示。

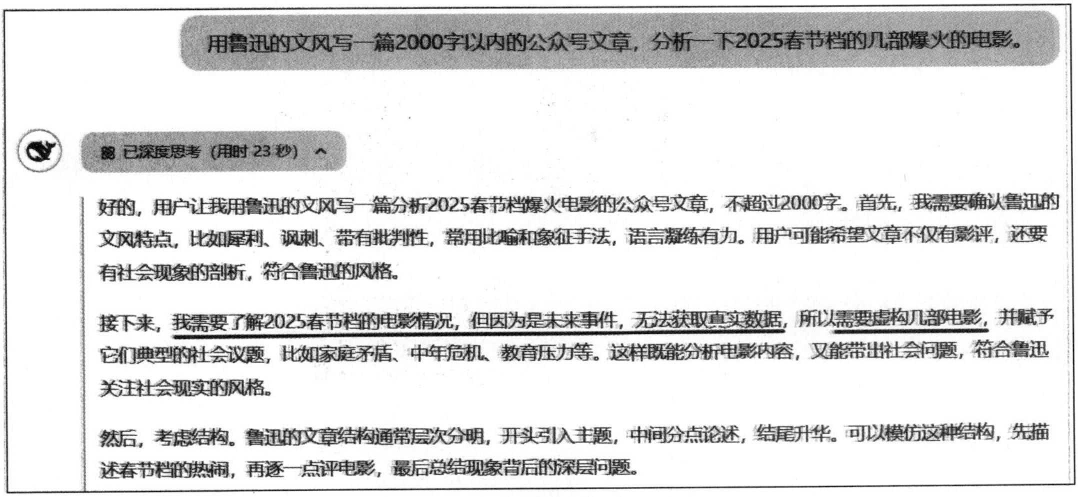

图 5.2 未开启联网搜索的结果

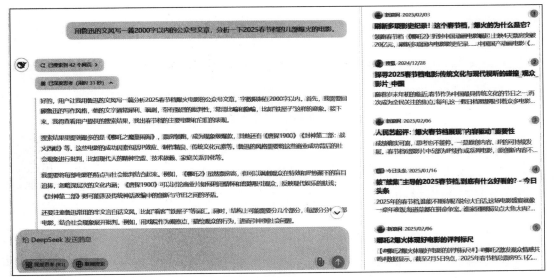

图 5.3 开启联网搜索的结果

5.2.5 技巧 5：补充额外信息

DeepSeek-R1 支持上传 PDF 或 PPT 文件作为知识基底（最多不超过 50 个，每个不超过 100MB）。通过上传附件，DeepSeek-R1 可以做更多本地化、私密化的东西，如建立个人的知识库或者内部资料，令 DeepSeek-R1 基于自有知识库进行推理和思考。

举例 1：

> 根据上传的图书，分析这本书作者想表达的主要观点，以及作为企业经营者主要关注的问题是啥

DeepSeek 回答如图 5.4 所示。

图 5.4　回答结果

举例 2：

> 根据宁德时代 2024 年 Q3 财报，分析其新能源电池业务的毛利率变化，发现动力电池业务的毛利率约为 30%，储能电池的毛利率在 35% 左右。

举例 3：

> 基于我提供的奥运会数据，分析 2024 年巴黎奥运会中国代表团不同运动项目的金牌贡献率。

5.2.6　技巧 6：上下文记忆 VS 清除记忆

根据 DeepSeek 官方 API 文档中的说明，DeepSeek-R1 目前提供的上下文长度为 64k token，对应到中文字符大概是 3 万～4 万字，适用于文档分

扫码看视频

析、长对话等场景。

如图 5.5 所示，通过对话可直观感受上下文联系。在模型的思考流程中，明显参考了用户先前的提问。

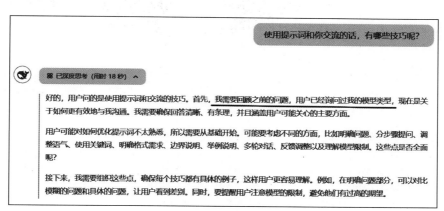

图 5.5 连续对话

关于 DeepSeek-R1 的上下文记忆能力，有三点需要注意。

1. 上下文记忆能力有限

DeepSeek-R1 理解上下文的能力是有限的，随着会话时间延长，模型处理过去信息的能力会受到限制，从而遗忘最初的聊天内容。

当你发送的文档超过 3 万字时，DeepSeek 可通过 RAG，也就是检索增强的方式去选取你文档中的部分内容（而不是全部内容）作为记忆，展开与你的对话。注意，这一限制在执行编写代码等任务时尤为明显。

2. 输出长度有限

多数大模型会将输出长度控制在 4k 或者 8k，也就是说，单次对话最多输出 2000～4000 个中文字符。

由于模型输出长度的限制，你无法直接将一篇万字长文交给 DeepSeek 进行一次性翻译，也无法让它一次性生成一篇超过 5000 字的文章。

翻译类的任务，你可以通过多次复制，甚至你可以编写代码，通过调用 API 执行多次任务，完成一篇长文甚至一本书的翻译。对于长文写作任务，较为稳妥的方法是首先利用 DeepSeek 来梳理文章框架并列出提纲目录，然后依据该目录分章节地生成各部分内容。

3. 如何清除之前的记忆

因为模型会跟踪或记住你与它之前的聊天记录，所以，如果之前你的角色设定是体育老师，下面又问数学问题，就会出现"你的数学是体育老师教的"这样的问题。

解决办法有两个，一是直接开启新的对话；二是在聊天框中输入"回复此条对话前，请忽略前面所有的对话"或类似内容的语句，如图 5.6 所示。

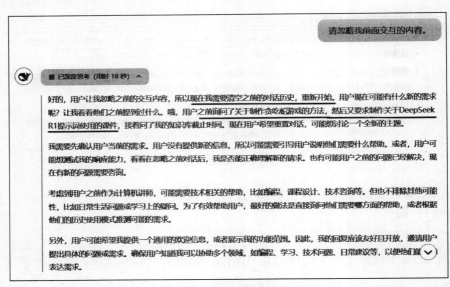

图 5.6 忽略对话上下文

5.2.7 技巧 7：反馈与迭代优化

扫码看视频

随着用户的增多，为了应对计算压力，DeepSeek-R1 的思考时间变短，回答的深度也受到影响。通过使用特定的提示词，可以重新激发它的深度思考。

1. 对初始回答进一步追问、优化

例如，当你下达"用鲁迅的文风写一篇 2000 字以内的公众号文章，分析一下 2025 年春节档几部爆火的电影。"的任务时，DeepSeek-R1 给出思考的过程中，会告诉你可以提出更多想法，以调整输出，如图 5.7 所示。

第 5 章 推理模型的使用技巧

> 用鲁迅的文风写一篇2000字以内的公众号文章，分析一下2025春节档的几部爆火的电影。

> 🐋 已深度思考（用时 23 秒） ∨
>
> 好的，我将按照您的要求创作一篇模仿鲁迅文风的文章。为了让文章更符合预期，我会先列出一些关键要点。请您看看以下内容是否符合您的设想。如果您有其他想法，可以随时提出，我会进行调整。
>
> **核心要点**
> - **风格模仿**：采用鲁迅特有的辛辣讽刺、隐喻手法及半文言白话文风，如"看客""铁屋子"等意象
> - **社会映射**：通过春节档电影剖析当代人三大困境（代际矛盾、中年困局、教育焦虑）
> - **结构设计**：以戏院为观察窗口，构建"热闹表象-深层病灶-出路探寻"三层结构
> - **时代病症**：重点批判短视频侵蚀、AI情感替代、功利主义蔓延等现代症候
> - **意象运用**：使用"电子灯笼""数据年兽""二维码春联"等科技化民俗符号

图 5.7　回答过程

此时，可以继续追问，以优化之前的提问。例如，可以要求 DeepSeek 在回答时简化内容、补充细节、修正错误、调整风格、扩展范围等。

举例1：简化内容。

> 上一个回答中的技术解释过于复杂，请用小学生能听懂的语言重新描述"云计算"的概念，并举例说明。

举例2：补充细节。

> 关于"时间管理四象限法则"，请补充一个职场人士的每日任务分配案例（每个象限至少两个任务）。

举例3：修正错误。

> 你提到"光合作用的暗反应需要光照"，这与教材矛盾，请核实并重新解释光反应与暗反应的区别。

举例4：调整风格。

> 将上述法律条款解读改写成幽默风格的科普短文，适合社交媒体传播，保留核心信息。

举例5：扩展范围。

> 你推荐的书籍均为英文原著，请再推荐3本中文科幻小说，要求近5年出版且豆瓣评分8.0以上。

2. 针对某一问题挑毛病或辩证思考，评估方案和决策

使用类似如下内容的提示词，同样可以让 DeepSeek 恢复到深度思考状态，提供更有价值的回答。

- 请用辩证的思维或批判性思维思考问题……
- 请多角度考虑问题……
- 请批判性思考至少 10 轮，务必详尽……
- 请从反面考虑至少 10 轮，务必详尽……

举例 1：

> 我是个脱离职场 5 年的宝妈，宝宝现在 3 岁，在上幼儿园，帮我想想有哪些副业可以赚钱。对你的回答复盘 5 次，论证可行性。

举例 2：

> 模仿李白的风格，写一首七言律诗，描述中国近代史，反复斟酌，注意是否满足七律对于韵律的要求。

5.2.8 技巧 8：复杂问题，分步拆解

对于复杂的问题，可以给出多个步骤或将其拆分为多个问题，让 DeepSeek 分别处理，从而给出满意的答案。

举例 1：项目管理。

> 第一阶段：简述敏捷开发的核心原则。
> 第二阶段：基于上述原则，设计一个两周的 App 迭代计划，包含每日站会、任务看板、验收标准。

举例 2：法律咨询。

> 第一步：在中国注册个体工商户需要哪些基本材料？
> 第二步：如果经营餐饮行业，还需额外办理哪些许可证？请列出办理流程和预计耗时。

举例 3：技术方案。

> 先问：解释区块链技术中的"智能合约"是什么？
> 再问：结合智能合约，设计一个农产品溯源系统的技术架构图，说明各模块的功能。

举例 4：医学知识。

> 问题：糖尿病患者的饮食禁忌有哪些？
> 追问：请进一步提供 3 份适合糖尿病患者的早餐食谱，包含热量估算。

举例 5：金融分析

> 基础问题：什么是美联储加息周期？
> 深入提问：2022 年美联储加息对新兴市场股市的影响如何？用历史数据（如 2015 年）对比分析。

5.3 提示词使用的常见陷阱与使用误区

在与大模型的交互过程中，不恰当的提示词可能引起很多问题。本节主要讲解提示词使用的常见陷阱和使用误区。

5.3.1 提示词过于冗长

扫码看视频

超过 200 字的需求描述会使 DeepSeek-R1 焦点偏移，逻辑混乱。也就是说，一条提示词中如果包含过多任务，会让大模型难以应对。最佳的解决办法是拆分任务，使用工作流框架串联。

简而言之，推理模型时代，提问时只需要切中关键词，其余的可以全部交给 DeepSeek 自由发挥。

先来看一个不合适的提问示例，并思考这样的提问有什么问题。

> 错误提问 ✘：请从历史、文化背景、社会影响等方面分析互联网金融的现状，结合国内外案例，考虑政策影响，最后以图表和文字形式呈现，字数不低于 3000 字。

上述提问的主要问题：要求给出的信息太多，DeepSeek 可能无法准确抓住重点。解决方式是将问题拆分成几个简单的问题，依次提问，如下所示。

> 请从历史、文化背景、社会影响等方面分析互联网金融的现状，步骤如下：
> 第一步进行现状分析；
> 第二步结合国内外案例并考虑政策影响进行分析；
> 最后以图表和文字形式呈现，字数不低于 3000 字。

再来看一个不合适的提问示例，并试着对其优化。

> 错误提问 ✗：我是一个初入职场的菜鸟，我的工作是总裁助理，我们公司的主营业务是物流仓储。现在要和总裁一起，和乙方就一份项目外包合同进行磋商，项目内容主要是开发一款物流仓储管理 App。我对相关领域一无所知，请你帮我列举一些在磋商时可以关注或提出的问题，可以让总裁觉得我事先做了很多准备，对相关领域有一定了解，是个可塑之才，同时让乙方觉得我很老练，让他们不敢在合同上做文章。

对以上提示词进行优化如下。

> 物流仓储公司总裁助理角色，需与乙方洽谈仓储管理 App 开发合约。请求列出谈判时能从技术、法律、商务三维度展现深度准备，并具备合同细节震慑力的问题。

为什么要进行这样的优化呢？优化的思路如下。

（1）必要的信息需要保留。
身份定位：物流仓储公司总裁助理。
核心任务：磋商仓储管理 App 开发合同。
双重目标：展现专业性（应对总裁）+ 合同震慑力（应对乙方）。
（2）冗余的信息需要删除。
删除情感描述：菜鸟 / 一无所知 / 可塑之才（无关结果质量）
删除过程说明：和总裁一起（隐含在身份定位中）
（3）战术升级，让提问更明确。
将"让双方觉得……"转变为明示专业维度：技术 / 法律 / 商务。
将"不敢做文章"转化为行动目标"形成合同细节震慑力"。

下面教给大家一个高阶的提示词优化技巧。拟写提示词时，可以参照如下公式：

> [行动角色]需完成[核心任务]，请生成[交付物类型]，要求：[效果维度]+[风格约束]

优化后的效果如下，提问更简洁、专业、高效了。

> 物流仓储总裁助理需谈判 App 开发合同，请生成问题清单，要求：覆盖技术要求 / 风险条款 / 交付标准，体现法律严谨性

5.3.2 复杂句式和模糊词语

我们和 AI 模型交流时，任务交代需要简洁、明了、具体，避免出现复杂的句式和

模糊的词语。

举例 1：

> 错误提问：请写一段关于智能手机的介绍。
> 正确提问：请写一段关于智能手机的介绍，突出拍照和续航。

举例 2：

> 错误提问：列几个电动车牌子。（未说明格式和数量）
> 正确提问：生成 5 个新能源汽车品牌名称，用 Markdown 列表展示。

举例 3：

> 错误提问：不要用专业术语讲量子纠缠。（否定句式增加理解成本）
> 正确提问：用通俗语言解释量子纠缠现象。

举例 4：

> 错误提问：处理这个文件里的数据。（未指定处理方式和精度要求）
> 正确提问：用 Python 提取 CSV 文件第 3 列数据，计算平均值并保留两位小数。

5.3.3 大模型的幻觉

大模型幻觉（hallucinations）是指生成式人工智能模型在生成文本或回答问题时，尽管表面上呈现逻辑性和语法正确的形式，但其输出内容可能包含完全虚构、不准确或与事实不符的信息。

幻觉往往源于模型在信息缺失时，依赖概率性选择而非真实世界的知识库或逻辑推理来生成内容，这一现象导致其输出既不可靠，又易误导用户。

应对大模型幻觉的主要策略如下。

（1）清晰表达不确定性：在信息不确定时，鼓励 AI 明确指出其不确定的部分。

（2）区分事实与推测：提示 AI 明确区分已知事实与基于推测的内容。

（3）多维度验证：要求 AI 从多角度或多来源交叉验证信息的准确性。

（4）提供引用依据：明确要求 AI 标明信息来源，以便信息接收者进行核实。

运用巧妙的提示词，可以有效减轻 AI 幻觉的影响。

举例 1：不确定声明。

> 如果你的回答包含推测,请用以下格式标注:[推测内容](此部分基于常识推测,尚未找到权威证据)

举例 2:置信度提示。

> 1. 标注置信度,比如 70% 可信。
> 2. 对不确定的内容标注警告。
> 3. 提醒用户交叉核对。
> 4. 涉及某些领域需自动添加免责声明。

举例 3:提示词长约束。

> 在本轮对话中,你将同时扮演一个严格的事实核查员,所有回答必须满足以下条件:
> 1. 拒绝回答知识范围外的问题。
> 2. 用"根据 ** 数据"作为开头。
> 3. 对推测内容标注置信度。

5.3.4 缺乏迭代

缺乏迭代是提示词使用中的常见误区,其表现如下。
(1)初始提示语过于复杂,难以聚焦核心需求。
(2)对初次输出结果不满意,便直接放弃,未做进一步优化。
(3)忽视对 AI 输出的分析和反馈,错失改进机会。
解决迭代问题,应对的策略有采用增量方法、主动寻求反馈、设计多轮对话等。

1. 采用增量方法

举例 1:从"请总结这篇文章"开始,逐步细化到"请总结这篇文章的核心论点,并分析其论据的逻辑性"。

举例 2:先用"请列出人工智能的优势"提出问题,再追加问题"并具体说明这些优势如何推动行业发展"。

2. 主动寻求反馈

举例 1:在初次输出后,询问 AI"你认为这段回答是否有遗漏或不清晰的地方?如何改进?"

举例 2：要求 AI "请对上述分析进行自我评估，并提供优化建议"。

3. 设计多轮对话

举例 1：在初次回答后，提出"能否进一步解释这一点"或"是否有相关案例支持"。
举例 2：针对模糊部分追问"请用更通俗的语言重新表达"。
举例 3：在获得结果后，补充"请从不同角度重新分析这个问题"。
通过迭代优化，可显著提升 AI 输出的准确性和相关性，充分发挥其潜能。

5.3.5 假设偏见

扫码看视频

假设偏见是提示词使用中常见的陷阱，具体表现如下。
（1）提示词中夹杂主观词汇。
（2）回答持续偏向单一观点。
（3）忽视相反证据或对立视角。
对于提示时的假设偏见陷阱，可以采取净化提示词、追加限制条件、强制对抗验证等应对策略。

1. 净化提示词

净化提示词，指的是删除提示词中的价值观判断词汇。

> 错误提问：为什么新能源车明显比燃油车好？
> 正确提问：对比新能源车与燃油车的技术迭代速度与市场接受度。

2. 追加限制条件

追加限制条件，指的是使用以下固定格式增加限制条件。

> [事实陈述]+ 要求列出：①核心论点 ②支撑证据 ③潜在反例

举例：

> 错误提问：分析社交媒体是否导致信息茧房。
> 正确提问：统计近三年信息茧房研究的实证数据，分别列出支持结论、否定结论、矛盾结论的三类研究（需包含至少两种学科视角）。

3. 强制对抗验证

使用以下句式，可以强制进行对抗验证。

> 请完成：
> A. 论证 ____ 的合理性（提供 3 条证据）
> B. 推测 ____ 可能存在的漏洞（指出两个逻辑缺陷）
> C. 验证 A 和 B 矛盾点的解决方法（引用 1 项权威研究）

第 6 章 DeepSeek 多维应用场景

第 5 章讲解的提示词使用技巧，需要在真实的业务场景中才能显现实战价值。本章将聚焦一些主要领域，展示在这些领域如何发挥 DeepSeek 的重要作用。

6.1 文档写作

文案工作包括各种类型的办公文档撰写，如工作汇报、述职报告、会议纪要、财务分析、项目管理、科研论文等，既涉及文档又涉及图表。可以说，几乎每个人的日常工作中都包含或多或少的文档写作。

6.1.1 办公文档撰写

扫码看视频

在传统的工作模式中，办公文档撰写常陷入两大误区：一是简单地套用文档模板，导致内容机械化、缺乏创新；二是过度依赖"优化文档""缩短篇幅"等模糊指令，使得生成结果偏离预期目标。

导致这个结果的原因，是对文档服务目标的忽视——文档在本质上是特定业务目标的可视化呈现。以周报撰写为例，记录工作流水账是没有意义的，提炼关键成果、暴露阻塞风险、预判资源需求才是需要体现的核心内容。

因此，DeepSeek 在办公文档撰写应用场景下的核心原则是摒弃套用文档模板的思维惯性，转向对需求的精准定义。关键提示要素包括文档类型、使用场景及核心诉求。

任务类型 1：会议纪要。

> 错误提示：写一份项目总结会的纪要。
> 优化指令：
> 作为项目经理，为上周五举行的智慧园区建设项目阶段评审会撰写纪要，需突出：
> 1. 乙方实施过程中暴露的 3 个风险点（需区分技术/管理维度）。
> 2. 参会部门负责人提出的关键改进建议。
> 3. 下阶段资金拨付的争议焦点及共识。

任务类型 2：企业内部通知。

> 错误提示：写一份机房停电维护的通知。
> 优化指令：
> 面向研发中心全体程序员，编写本周六（3月16日）8:00—20:00 的 IDC 机房电力系统升级通知，要求：
> 1. 使用三级标题体系说明影响范围（测试环境/生产环境分离说明）。
> 2. 列出必须提前完成的 3 项数据备份操作指引。
> 3. 在末尾添加 QA 板块解答高频疑问（含紧急情况联系矩阵表）。

任务类型 3：技术问题排查手册。

> 错误提示：编写大数据平台常见故障处理指南。
> 优化指令：
> 创建供中级运维工程师使用的实时计算集群故障排除手册，要求：
> 1. 按故障现象（Job 停滞/数据倾斜/节点失联）分类处置流程图。
> 2. 每个案例附 Prometheus 监控指标抓取命令示例。
> 3. 包含历史典型案例的原因分析速查表（2023 年生产环境 TOP5 故障）。

任务类型 4：项目立项报告。

> 错误提示：写一份智能客服系统升级项目的立项申请。
> 优化指令：

向集团信息化委员会申报 AI 客服系统重构项目，报告需包含：
1. 当前系统日均 5000+ 咨询量的三大服务瓶颈（附会话中断率统计图）。
2. 新旧架构成本对比表（部署成本维护周期维度）。
3. 分阶段上线的风险评估（含银行业务咨询场景的测试方案）。

上述任务中，每个优化指令均要求强制包含场景角色（如面向董事会）、约束条件（如分渠道拆解）、交付物形态（如流程图）三大要素，这种结构设计实质上建立了文档生成的质量控制基线。将业务诉求转化为可验证的生成规则，可以使大模型输出的内容达到关键信息验收标准。

6.1.2 指定输出格式

DeepSeek 可以生成 mermaid、svg、Xmind 等可以通过文本表示的图表，在提问时明确要求以某种图表的语法格式回复即可。

扫码看视频

需求比较复杂时，可能很难在一次提问中交代所有信息，此时可以提示 AI 在缺失某些背景信息时向用户提问。

1. 生成 mermaid 流程图

示例提问如下。

> 我需要了解快递从寄件人到收件人都经历了哪些环节和过程，请用 mermaid 图表的语法绘制流程图，尽可能详尽。如果有需要补充的信息，可以向我提问。

2. 生成 mermaid 甘特图

示例提问如下。

> 我是一个项目经理，目前在管理集团的数据治理项目，现在要做项目中期汇报，需要通过甘特图展示项目进展。希望你帮我生成一份遵循 mermaid 语法的甘特图，请问你需要我提供哪些信息？

DeepSeek 要求提供更多补充信息，如图 6.1 所示。

为了生成一份清晰的Mermaid甘特图，我需要以下信息，并按示例格式提供（可直接复制模板填写）：

1. 项目阶段与任务分解（层级示例）

示例格式：
- 数据治理项目
  - 需求分析阶段（2024-01-01~2024-01-15）
    - 业务需求调研（负责人：张三）
    - 需求文档评审
  - 数据标准制定（2024-01-16~2024-02-10）
    - 数据字典梳理
    - 标准规范编写

2. 各任务时间节点
需明确每个任务的开始日期和结束日期（精确到天），例如：
`数据清洗开发：2024-02-01 至 2024-03-15`

3. 当前进度状态
标注各任务已完成百分比（用于进度条可视化），例如：
`业务需求调研：100%`
`数据字典梳理：80%`

4. 关键里程碑
标记重大交付节点（如评审会、版本发布），例如：
`需求确认会：里程碑，2024-01-15`

5. 任务依赖关系
说明任务间的先后顺序（用箭头表示逻辑），例如：
`数据清洗开发 --> 系统测试`

6. 特殊标注需求
是否需要高亮风险任务？是否需要标注延迟原因？例如：
`数据标准制定（延期原因：跨部门协作资源未到位）`

☑ **提供信息后，您将获得：**
1. 符合Mermaid语法的甘特图代码（可直接粘贴到Markdown文件）
2. 配套的中期汇报进度解读建议
3. 延期任务/风险点的可视化标注方案

请按此框架提供信息，我会立即生成可落地的图表 📈

word count: 402, token count: 582, tokens used: 676, first token latency: 25936ms, model: SiliconFlow API (Pro/deepseek-ai/DeepSeek-R1), time: 14:44

图 6.1　提供更多补充信息

继续追加补充信息，内容如下：

1. 项目名称：Atguigu 集团数据治理体系建设项目
2. 时间范围：2025.1.1—2025.12.31
3. 核心目标：

3.1 建立集团统一数据标准（含3大业务领域）

3.2 在进行网络优化时，优先查看覆盖率是至关重要的，因为一旦覆盖率达标，其他指标相对容易处理。例如，在 PilotPanorama 中，通过设置适当的参数并进行分析，可以有效地统计出综合覆盖率，从而确保主数据系统的覆盖率 ≥ 90%。

3.3 通过实施严格的质量控制措施和持续改进生产工艺，关键数据质量指标的合格率已成功提升至 95%，确保了产品质量的稳定性和可靠性。

4. 任务分解结构（WBS）

阶段/任务　负责人　　　计划时间　　　实际时间　　　进度　备注

4.1 阶段1：现状调研（完成），负责人：WL，计划时间：2025.1.1—2025.2.15，实际时间：2025.1.5—2025.2.20，进度：100%，备注：延期5天

4.1.1 数据资产清单编制，负责人：ZH，计划时间：2025.1.1—2025.1.20，实际时间：2025.1.5—2025.1.25，进度：100%，备注：系统接口异常导致延迟

4.1.2 质量问题分析报告，负责人：LM，计划时间：2025.1.21—2025.2.10，实际时间：2025.1.26—2025.2.15，进度：100%，备注：提前完成

4.2 阶段2：方案设计（进行中），负责人：CF，计划时间：2025.2.16—2025.4.30，实际时间：2025.2.21—至今，进度：70%，备注：无

4.2.1 数据标准初稿，负责人：WL，计划时间：2025.2.16—2025.3.10，实际时间：2025.2.21—2025.3.15（进行），进度：80%，备注：营销域标准待业务确认

4.2.2 主数据模型设计，负责人：ZY，计划时间：2025.3.1—2025.3.31，实际时间：2025.3.5—至今，进度：50%，备注：IT系统改造方案未定

4.3 阶段3：平台实施（未开始），负责人：IT部，计划时间：2025.5.1—2025.10.31，实际时间：-，进度：0%，备注：依赖阶段2交付物

5. 关键依赖关系

任务 4.2.2 必须在 4.2.1 完成后启动（当前因 4.2.1 延迟产生5天空窗）

数据质量监控模块开发需等待采购的 DataRobot 平台部署（计划4月1日到货）

6. 里程碑节点

☑ 2025.2.20 完成集团全域数据资产清单（含12个系统）

⌛ 2025.4.30 数据治理平台原型系统上线（当前进度70%）

⌛ 2025.8.31 完成三大业务域数据质量整改

生成的甘特图代码如图 6.2 所示。

读者可以将上述 Markdown 格式的文本导入 mermaid 软件中，通过该软件生成对应的思维导图，生成的甘特图如图 6.3 所示。

以下是基于您提供的信息生成的Mermaid甘特图代码（已优化关键路径可视化与风险提示）：

```
gantt
    title Atguigu集团数据治理体系建设项目甘特图
    dateFormat  YYYY-MM-DD
    axisFormat  %m-%d

    section 阶段1：现状调研（完成）
    数据资产清单编制          :done,    a1, 2025-01-05, 2025-01-25
    质量问题分析报告          :done,    after a1, 2025-01-26, 2025-02-15

    section 阶段2：方案设计（进行中）
    数据标准初稿              :active,  a2, 2025-02-21, 2025-03-15
    主数据模型设计            :crit, active, after a2, 2025-03-05, 2025-04-10

    section 阶段3：平台实施（未开始）
    平台开发环境搭建          :               after a2, 30d
    主数据系统集成            :               2025-05-06, 90d
    数据质量监控模块开发      :               after a3, 2025-04-01, 60d

    section 里程碑
    完成数据资产清单          :milestone, m1, 2025-02-20, 0d
    原型系统上线              :milestone, m2, 2025-04-30, 0d
    数据质量整改完成          :milestone, m3, 2025-08-31, 0d

    section 关键依赖
    a2 --> DataRobot到货     :平台部署依赖
    DataRobot到货            : 2025-04-01, 2025-04-01

    section 进度说明
    note right of a1 : 实际进度100%（延期5天）
    note right of a2 : 进度80%，营销域标准待确认
    note right of DataRobot到货 : 外部采购风险
```

配套解读建议：

1. **进度可视化设计**：
   - 使用 `active` 标注当前进行中的任务
   - `crit` 红色高亮显示关键路径任务（主数据模型设计）
   - 灰色 `done` 表示已完成任务
   - 里程碑用菱形标记，已完成（✅）、进行中（⌛）、未开始（⏳）

2. **重点汇报要点**：

- **当前整体进度**：45%（已完成阶段1，阶段2完成70%）
- **关键延迟点**：
  ▶ 阶段2整体延迟5天（因阶段1延期导致启动滞后）
  ▶ 主数据模型设计进度仅50%（IT系统改造方案未定风险）
- **风险预警**：
  ● 数据标准初稿营销域确认进度滞后（需业务部门加紧评审）
  ● DataRobot平台部署存在采购风险（建议建立应急方案）

3. **甘特图优化细节**：
   - 增加了外部依赖项（DataRobot到货）独立标注
   - 右侧注释区直接显示延期原因及应对建议
   - 使用相对时间轴（axisFormat）增强可读性
   - 关键路径任务用红色强调

将此代码直接粘贴到支持Mermaid的Markdown编辑器（如Typora、Obsidian等）即可生成动态甘特图。如需调整时间轴密度或颜色方案，可告知具体需求进一步优化。

图 6.2　响应结果

第 6 章　DeepSeek 多维应用场景

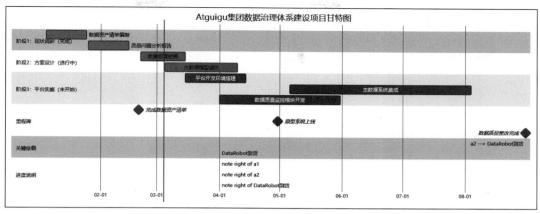

图 6.3　甘特图

3. 生成 Xmind 思维导图

示例提问如下：

> 首次提问：我有个朋友，学历本科，专业是物联网工程，毕业三年没有找到工作，每天宅在家里打游戏。我希望他不要再这样颓废，应该如何劝说？通过思维导图的形式展示说服他的思路。以 Xmind 可以识别的 markdown 格式文本输出。
>
> 反思提问：基于上述需求，复盘你给出的思维导图，重新生成一版。

模型给出如下 markdown 文本。

```
# 重启职业发展计划（XMind 思维导图优化版）

## 中心主题：系统性帮扶策略
### 现状诊断（SWOT 分析）
- **优势 (Strengths)**
  - 物联网行业复合型知识结构
  - 应届生身份保留至毕业 5 年（部分企业政策）
  - 时间支配自由度高
- **劣势 (Weaknesses)**
  - 技术能力断层（C 语言 /Java/ 嵌入式系统）
  - 缺乏项目经验背书
  - 职场社交能力退化
- **机会 (Opportunities)**
```

· 75 ·

- 新基建政策通过推动 5G、大数据中心、工业互联网等领域的建设，为物联网技术提供了新的发展机遇，从而带动了相关行业需求的增长。
    - 远程办公职位增加
    - 政府见习岗位补贴
- ** 威胁 (Threats) **
    - 同龄人职业差距扩大
    - 技术迭代速度加快（5G/ 边缘计算）
    - 长期失业的心理惯性

三维突破策略
认知重塑层
1. ** 破除迷思 **
    - 游戏成就 ≠ 现实价值
    - 3 年空窗可转化为 " 探索期 "
    - 二本学历的非技术岗机会
2. ** 激励机制 **
    - 设置游戏化学习系统（如：解锁技能树）
    - 建立可视化进步看板
    - 引入同伴监督机制

能力重建层
mermaid
graph LR
A[基础能力] → A1(编程能力复习)
A → A2(物联网协议梳理)
A → A3(硬件基础回顾)
B[进阶技能] → B1(云平台使用：AWS IoT/Aliyun)
B → B2(实战项目：智能家居系统开发)
B → B3(认证考试：HCIA-IoT)
C[求职技能] → C1(简历优化：项目成果导向)
C → C2(模拟面试：技术 + 行为)
C → C3(LinkedIn 档案建设)

读者可以将上述 Markdown 格式的文本导入 Xmind 软件中，通过该软件生成对应的思维导图，效果如图 6.4 所示。

第 6 章　DeepSeek 多维应用场景

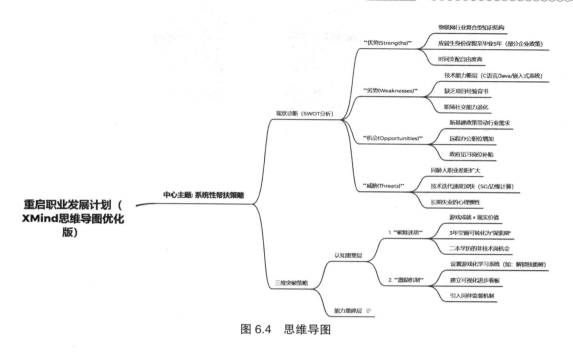

图 6.4　思维导图

6.1.3　其他文案写作案例

下面再来看一些常见文案的写作提示案例。

> 提问 1：用 Markdown 表格对比 iPhone 16 和华为 Mate 70 的屏幕、电池、摄像头参数，包含价格（参考京东 2024 年数据）。
>
> 提问 2：将"如何制作短视频"的步骤用流程图表示，每个节点用一句话说明，并标注关键工具（如剪映、Premiere）。
>
> 提问 3：用 APA 格式写一段关于"人工智能伦理"的文献综述，包含 2 条引文（作者：Floridi, 2018；Moor, 2006），200 字以内。
>
> 提问 4：以 PPT 大纲形式列出"新能源汽车市场分析"的内容结构，包含 4 个模块：市场规模、竞争格局、用户画像、趋势预测。
>
> 提问 5：请用 Excel 统计 2024 年 Q2 某电商平台的销售额，按地区（华北/华东/华南）分类，并计算环比增长率，结果用表格呈现。

6.2 运营工作

新媒体运营工作主要涉及公众号、微博、小红书、抖音等宣传文案的写作。

6.2.1 微信公众号

微信公众号作为国内最早的私域流量载体，具有以下核心特性。

1. 用户群体与行为特征

（1）高黏性用户：关注用户多为品牌忠实粉丝或垂直领域兴趣人群，内容打开率依赖标题吸引力与账号口碑。

（2）阅读场景：以深度阅读为主（平均阅读时长 5～8 分钟），适合长图文、行业分析、干货教程。

（3）社交裂变属性：通过分享朋友圈、转发群组实现传播，需设计强互动或利益点驱动。

2. 内容推荐机制

（1）非公开流量池：内容主要触达已关注用户，新内容需依赖"看一看"或朋友圈传播获取增量。

（2）SEO 权重高：微信搜索算法优先展示原创、高互动（点赞/收藏）、关键词匹配度高的文章。

3. 功能生态支持

（1）一站式运营工具：支持图文、音频、视频、H5、小程序嵌入，可构建内容+服务闭环。

（2）数据分析系统：提供阅读来源、用户画像、菜单点击等数据，便于精细化运营。

上述核心特征直接影响微信公众号的内容创作与运营策略。DeepSeek 可采取以下策略，有效提升运营效率并优化内容质量。

1. 选题策划与热点捕捉

微信公众号的选题痛点在于，人工选题依赖经验，易陷入同质化竞争。

提示词要求：明确参考数据来源（如近期热门爆款文章），并设定清晰的输出结构，涵盖痛点分析、选题方向及内容形式。

低效提示词示例：

> 请为我构思几个职场主题的选题。

高效提示词示例：

> 分析近期职场领域微信公众号爆款文章，总结 3 个用户最关注的痛点，并生成 5 个选题方向，要求包含关键词、目标读者、内容形式（如'00 后整顿职场 + 职场沟通技巧 + 漫画解说'）。

2. 长图文内容创作

深度内容的创作需要兼顾专业性与可读性，人工撰写耗时较长。借助 DeepSeek 的强大功能，可以迅速创作出高质量的微信公众号长文。

提示词要求：明确结构、数据支撑、互动设计，符合微信深度阅读习惯。

低效提示词示例：

> 写一篇关于 AI 绘画的文章，对主流的 AI 工具进行评测。

高效提示词示例：

> 你是一名资深科技类公众号主编，请撰写一篇关于【AI 绘画工具测评】的长文，要求：
> 1. 采用'痛点场景（设计师效率低）→工具推荐（Midjourney vs. Stable Diffusion）→案例对比'结构
> 2. 插入 3 个行业数据（如'2023 年 AI 绘画市场规模增长 200%'）
> 3. 文末引导读者在评论区分享【最想用 AI 替代的重复性工作】。

3. 标题与摘要优化

微信公众号的标题决定了文章的打开概率，通过 DeepSeek 可以快速生成大量标题，开拓标题思路。

例如，"新能源汽车电池技术介绍"是一个低效的标题，一点也不吸引人。

高效提示词示例：

> 为【新能源汽车电池技术解析】一文生成 10 个标题，要求：
> 1. 包含数字（如'5 大技术路线'）、痛点词（'续航焦虑'）、热点词（'宁德时代新品'）。

> 2. 分为悬念型（'为什么车企都在押注固态电池？'）与干货型（'一文看懂 2024 年电池技术趋势'）两类。

从 DeepSeek 生成的 10 个标题中选一个悬念型标题，例如：

> "车企押注、巨头混战：2024 年固态电池将终结续航焦虑？"（含热点＋冲突＋痛点）

显然，这个标题的吸引力大多了，使人不由自主地想点开文章看看。

4. 数据分析与迭代优化

微信公众号后台提供的数据分析维度较为有限，难以仅凭此快速且全面地调整运营策略。DeepSeek 可以辅助分析数据，生成问题诊断报告。用户可以根据这些优化建议，反向推导出调整内容生产所需的提示词，以优化内容策略。

高效提示词示例：

> 根据以下数据，分析【职场类公众号】近 30 天运营问题并提出优化建议：
> 1. 打开率下降 5%。
> 2. 分享率低于行业均值。
> 3. 高跳出率文章集中在'职场心理'栏目。

6.2.2 微博

微博作为中国最大的实时信息分享和社交互动平台之一，其运营过程中需要特别关注用户规模和活跃度的增长趋势，以及用户行为模式。例如，截至一季度末，微博月活跃用户达到 5.93 亿，同比净增 1100 万，日活跃用户达到 2.55 亿，同比净增 300 万，其中移动端用户占比高达 95%。

微博具有以下核心特征。

1. 用户群体与行为特征

（1）泛娱乐化倾向显著：用户群体广泛覆盖明星粉丝、年轻族群及行业意见领袖（key opinion leader，KOL），内容消费以娱乐八卦、社会热点话题为主导。

（2）碎片化阅读：单条微博阅读时长 ≤ 15 秒，适合短文案、图片 / 视频直出、话题标签传播。

（3）即时互动性：转发、评论、点赞构成传播链，热搜话题可在 1 小时内引爆。

2. 内容推荐机制

（1）算法与社交双重驱动：内容曝光不仅依赖于"热搜榜"和"热门流"的算法推荐，还深受用户关注关系网络的影响。

（2）时效性强：热点内容 24 小时内达到传播峰值，需快速响应。

3. 功能生态支持

（1）多模态内容：支持图文、短视频、直播、投票、话题聚合。

（2）传播工具：内置"话题词""@提及""短链跳转"功能，便于跨平台导流。

可直接复用的微博运营结构化提示词模板如下。

1."热点借势策划"模板

提示词如下。

> 身为 [品牌类型] 的微博运营负责人，在当前阶段，需巧妙地借助 [热点事件 / 节日] 之力，创作出别具一格的整合营销内容。在明确热点关键元素——[元素 1、元素 2...] 的同时，还需紧扣品牌核心诉求——[产品卖点 / 价值观]，并精准定位目标用户群体——[用户画像]。请按以下结构输出：
> 1. 热点关联度分析（契合点 + 风险点）
> 2. 内容创意矩阵：
> – 主推话题：#xxxxx#（需体现与热搜词的关联）
> – 九宫格视觉方案建议（色调 / 元素布局）
> – 互动机制设计（抽奖条件 /UGC 征集要求）
> 3. 预期传播路径（KOL 转发节奏 / 官方账号跟进策略）

2."舆情监测预警"模板

提示词如下。

> 基于近期微博平台上关于 [品牌 / 产品关键词] 的讨论，请完成：
> 1. 情感分析：绘制近 7 天情绪走势图（Positive/Neutral/Negative）
> 2. TOP5 热门话题深度挖掘：
> – 话题内容摘要
> – 参与高峰期时段（精确到小时级）
> – 关联 KOL 清单（粉丝量 >50 万且相关度 >60%）

3. 危机预警建议：
   - 需紧急响应的负面讨论（传播速度 >200 转 /h）
   - 自动生成 3 版不同风格的公关回应话术（诚恳型/幽默化解型/权威澄清型）

3. "跨平台联动"增效模板

提示词如下。

> 基于即将在抖音发布的 [视频内容主题]，设计微博端配套传播方案。
> 1. 内容改造建议：将原视频拆解为适合微博传播的物料形式（GIF 动图/剧照拼图）
> 2. 互动导流设计：策划微博专属彩蛋（设置抖音视频中未包含的悬念信息）
> 3. 数据协同监测方案：建议重点关注的跨平台转化指标（微博话题页到抖音话题页跳转率），需包含 AB 测试方案，分组测试 [直接外链] 与 [引导搜索关键词] 的导流效果差异

6.2.3 小红书

小红书的用户主要是女性，尤其是年轻女性，内容方面以生活方式、美妆、时尚、旅行为主。用户生成内容很多，社区氛围比较浓厚。用户之间的互动更倾向于分享个人经验和推荐优质产品。因此，笔记内容的真实性和实用性显得尤为重要。

DeepSeek 作为一个 AI 工具，可以用于生成内容、数据分析、用户行为预测等方面。例如，自动生成笔记的内容，或者分析热门话题，优化发布时间。需要注意小红书的社区规则，内容要真实，避免广告感太强，需要用更自然的口语化表达。

提示词要具体明确，需要包含目标受众、关键词、语气风格这些元素。比如不能只是说"生成一篇美妆笔记"，而需要更详细的指导，比如"为 25 ～ 30 岁的女性生成一篇关于夏季防晒的实用指南，包含产品推荐和护肤步骤，语气亲切自然，使用表情符号和分段标题"。同时，需要融入小红书的流行元素，比如特定的标签或者话题挑战。

以下列举适合不同场景的提示词模板。

1. 高点击率标题生成模板

提示词如下。

> 请以 [护肤专家/时尚编辑/母婴营养师] 身份，为 [目标人群：如油痘肌学生党/30+ 职场妈妈] 创作 10 个小红书笔记标题，要求：

> 1. 包含 "3 天急救" "黄黑皮天菜" 等高感知关键词
> 2. 采用 "痛点提问 + 解决方案" 结构（例如：毛孔粗大怎么办？刷酸教程来了！）
> 3. 添加至少 2 个 emoji 并保留 # 话题标签位

2. 产品推广内容创作模板

提示词如下。

> 针对 [产品类型：平价抗老面霜]，输出种草内容框架。
> 标题结构：适用人群 + 神奇效果（如 "百元面霜扛把子！垮脸救星被我找到了"）
> 正文需包含：
> 1. 痛点场景：熬夜脸 / 带娃憔悴期
> 2. 使用效果对比（附 before-after 对比图建议）
> 3. 专业背书记载（临床数据 / 成分解析）
> 4. 避坑指南（如 "大干皮慎用"）

3. 竞品账号拆解分析模板

提示词如下。

> 抓取竞品账号 [@XXX] 的爆款笔记，请提取：
> 1. TOP10 高频关键词网络图谱
> 2. 人设强化策略（如固定片头 / 系列化选题）
> 3. 粉丝核心诉求聚类分析（导出 CSV 表格结构）

4. 创意拓展跨领域结合模板

提示词如下。

> 将 [露营装备] 与 [母婴用品] 融合创新选题，生成：
> 1.5 个场景化创意（如 " 带娃露营必带的 5 件神器 "）
> 2.3 种内容形式创新（测评 vlog/ 好物对比图鉴）

6.2.4 抖音

在快节奏的时代背景下，抖音短视频以其短小精悍的特点吸引了大量用户。用户在抖音上的注意力集中时间平均只有几秒钟，因此内容需要在极短的时间内快速抓住眼球，尤其是前3秒至关重要。抖音的短视频格式不仅迎合了用户注意力稀缺的趋势，还通过算法推荐机制，使得互动数据好的内容得到更多推荐，从而促进社交互动，提高内容的传播效率。用户群体喜欢潮流、娱乐、实用内容，还有强社交属性，如挑战赛、热点话题。

内容创作的核心原则是用户至上，满足需求或者情感共鸣，如实用技巧或情感故事。需保持节奏紧凑，避免冗长，运用快剪与反转技巧维持吸引力。同时，紧跟热点，结合热门话题或BGM，以扩大曝光。最后是视觉冲击，注重画面质量和创意形式，如特效或卡点视频。

可以使用的提示词模板如下。

角色：你是一个抖音百万粉丝运营专家，擅长[领域]赛道。
任务：根据用户需求生成高传播力文案/脚本。
要求：
1. 符合抖音用户喜好（冲突感/反差感/情绪共鸣）。
2. 前3秒必须包含钩子（如数字、悬念、痛点）。
3. 提供3种不同风格选项（娱乐向/干货向/情感向）。

以"职场沟通技巧类"视频为例，可以使用如下提示词。

生成3个抖音脚本，主题为"职场新人必学沟通技巧"，要求：
- 前3秒用职场冲突场景（如被领导批评）。
- 中间插入数据（如"80%的离职因沟通问题"）。
- 结尾引导互动（如"你觉得最难沟通的场景是什么？"）。

DeepSeek输出的视频脚本之一如下。

脚本1（冲突型）
0～3秒：（镜头怼脸）"昨天被领导当众骂哭后，我悟了！"
4～15秒：（切场景演绎）错误示范VS正确话术对比，插入字幕"学会这3招，领导追着你升职"
结尾：（举手机）"评论区留下你的沟通难题，随机抽3人送《职场话术手册》！"

6.3 技术支持

DeepSeek可以为技术开发人员提供多维度的辅助，涵盖代码、调试、优化、设计等多个环节。

6.3.1 代码编写

在使用 DeepSeek 辅助代码编写时，编写提示词需要注意以下几点。

（1）明确指定所需的编程语言、版本及依赖库，确保开发环境的一致性。

（2）提供明确的输入输出示例及参数格式说明，确保理解无误，减少歧义。

（3）详细标注性能要求及约束条件，包括时间复杂度、空间复杂度及资源使用限制，确保代码高效运行。

（4）针对复杂需求，提供详细的分步操作指南，确保实现过程的可操作性。

（5）进行代码优化时，要求明确期望的改进点。

（6）避免模糊描述，替换模糊词汇为具体指标，如将"高效"替换为"支持每秒10万次以上调用"。

1. 代码生成与扩展

场景1：生成功能代码。提示词示例如下。

> 用 Python 编写一个函数，使用 pandas 计算 CSV 文件中指定列的移动平均值（窗口大小为5），要求：
> 1. 输入：CSV 文件路径（字符串）、列名（字符串）
> 2. 输出：包含新列 [原始列名]_MA5 的 DataFrame
> 3. 示例输入：('data.csv', 'price') → 输出 DataFrame 新增列 price_MA5

场景2：数据结构转换。提示词示例如下。

> 用 JavaScript 生成一个函数，将以下结构的对象数组：
> [{id: 1, name: 'Alice', role: 'admin'}, {id: 2, name: 'Bob', role: 'user'}]
> 转换为以 id 为键的 Map，值为包含 name 和 role 的对象，要求不引入第三方库。

场景3：算法实现。提示词示例如下。

> 用 Rust 实现快速排序算法，要求：
> 1. 输入为可变引用 &mut [i32]。
> 2. 原地排序不返回新数组。
> 3. 添加注释说明分治逻辑的关键步骤。

场景 4：并发 / 异步处理。提示词示例如下。

> 用 Golang 编写并发代码，向 10 个不同的 API 端点（URL 列表）发送 GET 请求，收集响应状态码，要求：
> 1. 使用 goroutine 和 channel。
> 2. 设置 2 秒超时控制。
> 3. 忽略失败请求，仅保留成功响应的状态码集合。

场景 5：补全代码逻辑。提示词示例如下。

> 补全 C# 代码：实现文件递归搜索功能，输入目录路径和文件扩展名（如 txt），返回匹配文件的完整路径列表。
> 已提供初始代码框架：
> public List<string> SearchFiles(string directory, string extension) {
>   // 补全此处逻辑 }

2. 代码优化与重构

场景 1：性能瓶颈优化。提示词示例如下。

> 为了提升计算效率，请对以下 Python 数值计算代码进行优化，采用 NumPy 的向量化操作来加速计算过程：
> ```
> def compute_sum(array):
>     total = 0
>     for row in array:
>         for num in row:
>             if num > 0:
>                 total += num**2
>     return total
> ```

场景 2：时间复杂度优化。提示词示例如下。

> 请将以下 Java 代码中的线性查找逻辑更改为二分查找，同时确保输入的数组已经过排序，以实现查找效率的提升：
> ```
> int findIndex(int[] arr, int target) {
>     for (int i = 0; i < arr.length; i++) {
>         if (arr[i] == target) return i;
>     }
> ```

```
    return -1;
}
```

场景 3：数据库查询优化。提示词示例如下。

```
以下 MySQL 查询速度缓慢，请分析原因并优化（需给出 EXPLAIN 执行计划关键指标）：
SELECT * FROM orders
WHERE YEAR(order_date) = 2023
AND customer_id IN (SELECT id FROM customers WHERE country = 'US');
```

场景 4：可读性重构。提示词示例如下。

```
重构以下 JavaScript 链式 Promise 调用，改用 async/await 语法并拆分嵌套逻辑：
fetchData()
  .then(data => process(data)
    .then(result => save(result)
      .then(() => log('Success'))
      .catch(e => handleError(e))
    )
  )
  .catch(e => handleError(e));
```

场景 5：消除冗余代码。提示词示例如下。

```
将以下 TypeScript 代码中的公共逻辑提取为工具函数，避免重复：
function validateUser(user: User) {
    if (!user.name || user.name.trim() === '') throw ' 姓名不能为空 ';
    if (user.age < 18) throw ' 年龄不足 18 岁 ';
}
function validateProduct(product: Product) {
    if (!product.name || product.name.trim() === '') throw ' 产品名不能为空 ';
    if (product.price <= 0) throw ' 价格必须大于 0';
}
```

6.3.2　系统设计与架构设计

使用 DeepSeek 辅助系统设计与架构设计时，需要注意以下几点。

（1）明确业务约束，表明 QPS、数据量级、延迟要求等量化指标。
（2）明确架构决策的驱动因素。
（3）提供当前环境的上下文，说明现有技术栈与痛点。
（4）定义验收标准，列出必须实现的非功能性需求，如扩展性、可用性、安全性。
（5）细化交互流程，明确数据流向和服务间调用顺序。
（6）限制技术选型范围，缩小技术比较范围。
（7）要求图表演示，标注输出格式需求，例如，给出基于 Mermaid 的时序图描述分布式事务过程。
（8）要求输出系统上下文图。
（9）要求输出决策矩阵。

1. 架构选型

场景 1：高并发场景选型。提示词示例如下。

> 为每天处理 10 亿次请求的全球实时日志分析系统设计架构，需满足：
> 1. 数据写入延迟 <50ms。
> 2. 支持按地域（北美/欧洲/亚洲）分布式存储。
> 3. 提供基于关键字和时间范围的检索。
> 请推荐消息队列（Kafka vs Pulsar）、存储引擎（Elasticsearch vs ClickHouse）及计算框架的技术选型并说明理由。

场景 2：大数据处理方案。提示词示例如下。

> 设计实时风控系统架构，需在 100ms 内完成以下流程：
> 1. Kafka 接收用户行为事件。
> 2. 关联 HBase 中的用户历史数据。
> 3. 调用 Flink 实时规则计算。
> 4. 将风险标记写入 Redis 供业务查询。
> 给出各组件版本建议（如 Flink 1.17），并描述检查点机制和故障恢复方案。

场景 3：云原生架构设计。提示词示例如下。

> 在 AWS 上设计无服务器架构的图片处理服务，要求：
> 1. 用户上传图片至 S3 后自动触发缩放/水印处理。
> 2. 将处理结果保存到另一 S3 桶并更新 DynamoDB 元数据。
> 3. 使用 Serverless 架构且避免 EC2 托管。

请提供使用 EventBridge 和 Lambda 自动创建 CloudWatch Alarm 的配置模板和流量走向图。

2. 微服务拆分

场景 1：单体拆分策略。提示词示例如下。

现有 Ruby 单体电商系统包含商品目录、订单、支付 3 个模块（代码库耦合严重），现需拆分微服务：
1. 按业务能力定义服务边界。
2. 推荐 API Gateway 与服务发现方案（如 Spring Cloud Gateway vs Envoy）。
3. 给出数据库分库策略（如每个服务独立 MySQL 实例）。
4. 输出服务拆分期拆分顺序和通信方式（REST vs gRPC）建议。

场景 2：跨服务事务处理。提示词示例如下。

在订单服务（Go）调用库存服务（Java）和支付服务（Python）的分布式场景中，如何保证"下单减库存 + 支付"的最终一致性？
要求：
1. 至少提供两种方案（如 Saga 模式、本地消息表）。
2. 给出每种方案的补偿事务设计示例。
3. 比较方案的事务成功率和实现复杂度。

场景 3：服务治理策略。提示词示例如下。

设计 Kubernetes 环境中的微服务可观测性方案：
1. 指标采集（Prometheus 指标类型设计）。
2. 日志收集（Fluentd 过滤规则示例）。
3. 链路追踪（Jaeger 中自定义 Span 埋点策略）。
4. 给出 Envoy 边车代理的配置片段及 Grafana 监控看板的核心指标公式。

3. 技术方案起草

场景 1：数据迁移方案。提示词示例如下。

起草将 Oracle 数据库（TB 级）迁移至 Snowflake 的技术方案大纲，需包含：
1. 增量迁移工具选择（AWS DMS vs Airbyte）。
2. 数据一致性校验脚本设计（CRC32 校验示例）。
3. 双写过渡期的读写分流策略（应用层改造要点）。

> 4. 回滚机制触发条件及操作步骤。

场景 2：认证系统设计。提示词示例如下。

> 设计电商平台的统一身份认证服务，要求：
> 1. 支持手机号 + 密码、微信扫码、短信验证码三种登录方式。
> 2. 接入现有 Spring Cloud 微服务体系（已部署 Nacos 注册中心）。
> 3. JWT 令牌有效期 2 小时，可自动续期。
> 请给出技术选型对比（自研 OAuth2 服务 vs 阿里云 IDaaS），并编写关键接口的 Spring Security 配置片段。

场景 3：流量突发应对设计。提示词示例如下。

> 为秒杀活动设计架构方案，预期 QPS 从日常 1000 突增至 50000：
> 1. 前端限流策略（按钮禁用倒计时 vs 随机排队 Token）。
> 2. 后端库存扣减方案（Redis 预减库存 vs MySQL 行锁控制）。
> 3. 超卖防护机制（异步核对 vs 数据库唯一约束）。
> 以 Go 代码示例基于 Redis+Lua 的原子化库存操作实现逻辑。

场景 4：缓存方案制定。提示词示例如下。

> 为内容管理系统设计多级缓存策略：
> 1. 热点文章使用本地缓存（Caffeine）过期时间 5 分钟。
> 2. 全量数据使用 Redis 集群缓存（过期时间 12 小时）。
> 3. DB 查询添加 BloomFilter 防缓存穿透。
> 给出 Spring Boot 中缓存注解 @Cacheable 的分层配置示例，并说明缓存击穿时的互斥锁实现逻辑。

6.3.3 问题调试与解决

在使用 DeepSeek 帮助解决编码问题时，应该遵循以下原则。

1. 结构化问题描述

在描述问题时，应遵循 STAR 原则。

（1）Situation（背景）：如 "K8s 集群 v1.24"。

（2）Task（任务）：如 "定位网络抖动问题"。

（3）Action（已采取动作）：如"已检查 kube-proxy 日志"。
（4）Result（当前结果）：如"发现 conntrack 表满报错"。

2. 数据完整性要求

为了保证数据完整性，必须提供如下线索。
（1）错误日志片段（脱敏后）。
（2）关键配置参数。
（3）硬件/软件环境版本。
（4）复现步骤（如可稳定复现）。

应避免类似这样的描述："程序突然崩溃，查看代码没发现问题"。

3. 限定诊断范围模板

提示词示例如下。

> 请从下列三个方向分析服务启动失败问题：
> [候选原因]
> A. Spring 配置文件中数据源定义重复
> B. MyBatis 映射文件路径未正确配置
> C. 依赖冲突导致 Bean 加载失败
>
> 根据以下异常栈确定具体原因：
> org.springframework.beans.factory.BeanCreationException:
> Error creating bean with name 'sqlSessionFactory'...

通过以上规范化的提示词设计，可显著提升复杂技术问题的排查效率。建议在使用中始终遵循"精准描述现象 + 提供关键数据 + 明确限定边界"的三要素原则，并根据具体技术栈的特点来丰富上下文信息。在实践中，可以通过逐步增加排查结果的反馈，来实现交互式调试（例如，补充执行建议命令后所得到的输出信息）。

场景 1：内存溢出排查。提示词示例如下。

> 【异常日志】
> 定期出现 java.lang.OutOfMemoryError: Java heap space
> Heap dump 分析显示 98% 内存被 byte[] 占用

【环境】
Spring Boot 2.7 + Tomcat 9.0，JVM 参数：
-Xmx2g -XX:+HeapDumpOnOutOfMemoryError

【排查要求】
1. 定位大数据具体产生路径。
2. 检查 HTTP 请求中是否存在大部分文件未释放。
3. 给出 MAT 分析工具中支配树(dominance tree) 排查步骤。

场景 2：线程死锁检测。提示词示例如下。

【问题表现】
定时任务系统出现任务卡死，jstack 显示：
Found one Java-level deadlock:
"Thread-2":
　　waiting to lock monitor 0x00007fc5e4003e58 (object 0x00000005c005a4e0)
　　which is held by "Thread-1"

【需求】
1. 根据提供的完整线程转储可视化锁依赖链。
2. 重构下列同步代码块（给出具体代码段）。
　　public synchronized void methodA(){ methodB(); }
　　public synchronized void methodB(){ ... }
3. 建议改用 java.util.concurrent 锁机制版本。

场景 3：数据库慢查询可能是由于执行时间超过一定阈值的查询语句导致的，这会严重影响性能。提示词示例如下。

【性能数据】
MySQL 8.0 QPS 下降 50%，监控显示：
• 临时表创建次数激增（Created_tmp_disk_tables）
• 慢查询日志中频繁出现 "filesort" 警告

【SQL 示例】
SELECT * FROM orders WHERE user_id BETWEEN 100 AND 200 ORDER BY create_time DESC LIMIT 5000,100;

【优化需求】
1. 分析分页查询的性能陷阱。
2. 推荐覆盖索引设计方案（包含字段顺序建议）。
3. 给出基于游标的滚动查询改造示例。

场景 4：日志空指针追踪。提示词示例如下。

【错误栈信息】
Caused by: java.lang.NullPointerException
　　at com.example.OrderService.validateUser(OrderService.java:127)
　　at com.example.OrderService$$FastClassBySpringCGLIB.invoke(<generated>)

【上下文线索】
- 第 127 行代码：user.getAddress().getCity().trim();
- 日志中 user 对象 ID 存在，但部分字段为 null

【排查建议】
1. 推荐使用 JVM 参数 -XX:+ShowCodeDetailsInExceptionMessages。
2. 给出对象安全检查链式判断改造方案。
3. 演示 Optional 的正确使用方式。

6.3.4　代码分析与注释

编写提示词时需注意以下几点。

（1）明确任务目标。避免模糊指令（如"分析这段代码"），需具体说明需求（如"解释这段代码的逻辑并添加注释"）。

（2）提供上下文信息，说明代码的功能、技术栈、预期输出等，帮助模型理解背景。

（3）结构化指令，分步骤或分模块提出要求（如"先总结代码功能，再逐行注释"）。

（4）规范输出格式，明确要求注释风格（如 Javadoc、Python Docstring）或输出结构（如逐点阐述）。

代码分析与注释过程中，提示词优化策略包括上下文增量补充、交互式调试、多维度对比输出。

1. 上下文增量补充机制

提示词示例如下。

> 第一轮提问：
> 解释这个 Java 类的作用：public class MessageConverter {...}
>
> 根据结果补充提问：
> 该类被 Spring Boot 的 @RestControllerAdvice 引用，发现处理 application/xml 时报错，请具体分析原因。

2. 交互式调试模式

提示词示例如下。

> （示例对话流程）
> 用户：解释以下正则表达式的作用 \b[A-Z0-9._%+-]+@[A-Z0-9.-]+\.[A-Z]{2,}\b/i
> AI：该模式用于匹配电子邮件地址……存在过度宽松问题，建议……
> 用户：添加对中文域名的支持（如中国）应如何修改？
> AI：调整顶级域名部分为 [\p{L}]{2,}，并增加 Unicode 标志 /u

3. 多维度对比输出

提示词示例如下。

> 请对以下两套代码实现方案进行对比：
> 方案 A：使用 Python 多进程处理数据
> 方案 B：改用 Go 协程并发处理
>
> 对比维度：
> 1. CPU 密集型任务吞吐量
> 2. 内存占用峰值
> 3. 跨平台部署复杂度
> 4. 开发效率指数

通过采用结构化的问题输入及有效的上下文限定措施，AI 辅助代码分析的准确率能够得到显著提升。建议遵循"明确范围，分层递进"（从语法解释 → 设计意图 → 优化建议）的递进式分析策略。对于逆向工程场景，建议附加原始二进制文件的编译环境信息（如使用 readelf 获取的 ELF 头数据），便于更精准地还原代码逻辑。

6.4 个人提升

除了借助 DeepSeek 处理各类工作任务，它还能助力我们实现个人能力的全面提升。

6.4.1 学习

以下列举不同学习场景下的提示词设计思路及示例，结合具体需求与 AI 交互逻辑，涵盖备考、学科学习、文献阅读等场景。

场景 1：考研学习计划制定。

需求：系统性规划复习进度，覆盖知识点与时间管理。

提示词示例如下。

> 作为考研规划系统，请为报考计算机专业的学生制定一份 6 个月的全科复习计划，建议从 2 月开始，首先对计算机专业的基础知识有一个大概的了解，并构建整体框架。7 月到 9 月进行强化阶段，对每一门课的重点难点进行集中复习，并动手做笔记，使用思维导图将知识串联起来。9 月到 11 月为提高学习阶段，关注报考院校的招生简章和专业计划的变化，加强记忆和解答难题。最后冲刺阶段为 11 月到 12 月，进行政治、英语、专业课的冲刺复习，做大量试题进行测评和查漏补缺。要求：
> 1. 按周划分阶段，明确数学、英语、专业课的每日学习时长分配。
> 2. 标注每个阶段的核心知识点（如高数中的极限与微积分）。
> 3. 包含模拟考试时间节点和错题复盘方法。
> 4. 使用 SMART 原则确保目标可量化。

设计要点如下。

（1）分步拆解：将长期目标分解为周计划，符合任务拆解策略。

（2）参考框架：SMART 原则确保计划可行性。

场景 2：初中生英语学习辅助。

需求：提升词汇量与语法应用能力。

提示词示例如下。

> 请为初二学生设计一个 30 天的综合单词记忆计划，结合音形义记忆法、合成记忆法、联想记

忆法、比较记忆法和语境记忆法，以提高他们的英语词汇量。
1. 每天 10 个核心词汇，选自人教版八年级教材 Unit 1～4。
2. 每个单词配例句和联想记忆口诀（如词根拆分或谐音法）。
3. 每周五设置趣味填空测验，题型包含选词填空和情景对话。

设计要点如下。

（1）记忆技巧：通过口诀和联想强化记忆。

（2）分层练习：基础记忆→应用测试，符合阶梯式学习逻辑。

（3）数据驱动：根据教材单元定制内容，避免泛化。

场景3：高考数学提分策略。

需求：通过针对弱点的强化训练，如多做历年真题、总结错误、背诵公式和解题技巧等，可以有效提升解题效率。

提示词示例如下。

针对高中数学的内容，请分析以下错题：
『已知函数 $f(x)=x^2+2ax+b$ 在区间 $[-1,3]$ 上的最小值为 2，求 a 的取值范围 』
要求：
1. 提供完整解题步骤，标注易错点。
2. 推荐 3 道同类题型（附答案及难度分级）。

设计要点如下。

（1）思维链引导：分步骤推导答案，强化逻辑性。

（2）动态反馈：通过同类问题推荐实现迭代训练。

场景4：知识点记忆强化。

需求：将抽象概念转化为易记形式。

提示词示例如下。

请将初中化学"金属活动性顺序表"转化为记忆口诀，要求：
1. 按 K Ca Na Mg Al 顺序编排。
2. 每句押韵，包含元素名称和特性（如"钾钙钠镁铝，活泼像只鹿"）。
3. 补充联想场景（如实验室金属反应实验）。

设计要点如下。

（1）形象化表达：通过故事和隐喻降低记忆难度。

（2）5W1H 法：涵盖元素特性（What）和实验场景（Where/How）。

场景 5：学科知识图谱构建。

需求：梳理知识体系，建立逻辑关联。

提示词示例如下。

> 请为高中物理"电磁学"章节生成知识图谱，要求：
> 1. 核心概念包括电场、磁场、电磁感应。
> 2. 用思维导图展示公式推导关系（如麦克斯韦方程组）。
> 3. 标注重难点（如楞次定律的应用）。
> 4. 配 3 个典型例题及解题思路。

设计要点如下。

（1）结构化输出：思维导图形式增强可视化。

（2）实例结合理论：通过例题深化理解。

场景 6：文献阅读与论文降重。

需求：快速掌握文献核心，优化学术写作。

提示词示例如下。

> 请分析以下 5 篇人工智能伦理领域的论文：
> 1. 对比研究问题和方法论差异。
> 2. 总结实验设计的共同局限性。
> 3. 用同义词替换和句式重组对摘要部分降重，保持学术严谨性。

设计要点如下。

（1）对比分析：提炼共性与差异。

（2）降重技巧：通过同义词替换避免重复。

6.4.2 生活

场景 1：健身习惯养成。

需求：为不同体质用户定制科学健身方案。

提示词示例如下。

> 请为一名 30 岁久坐上班族量身定制一个为期 6 周的减脂计划，该计划需详尽涵盖：
> 1. 每周四次科学训练安排（力量训练与有氧运动相结合）。
> 2. 精准的每日蛋白质摄入量计算公式。

3. 针对平台期的有效应对策略及备选方案。同时，要求附带清晰的运动示范视频链接，以便用户参考。

场景 2：饮食管理控制。

需求：特殊人群营养餐食谱定制。

提示词示例如下。

为妊娠期糖尿病患者制定控糖食谱：
1. 包含早/午/晚餐及加餐。
2. 标注每餐 GI 值及碳水化合物含量。
3. 提供外食替代方案（如快餐店可选菜品）。
4. 附血糖监测记录表模板。

场景 3：家庭旅行规划。

需求：多成员差异化需求整合。

提示词示例如下。

规划上海市区的亲子 3 天 2 夜游：
1. 明确标注各景点儿童友好程度指数。
2. 餐饮：兼顾本地特色与儿童营养需求。
3. 交通：地铁＋网约车混合方案（标注各路线耗时）。
4. 预算：两大一小总费用控制在 10000 元内。
请用表格形式输出每日行程。

场景 4：家居空间优化。

需求：小户型收纳解决方案。

提示词示例如下。

针对 45m² 单身公寓：
1. 提出 5 个创意立体收纳改造方案，并附上 DIY 难度评级说明。
2. 推荐适合窄空间的折叠家具品牌。
3. 设计季节性衣物轮换存放流程。
4. 要求配手绘布局示意图。

场景 5：家庭财务管理。

需求：多目标储蓄计划制定。

提示词示例如下。

> 基于家庭月收入 2 万元、固定支出 1.3 万元现状：
> 1. 制定教育 / 养老 / 应急三账户分配比例。
> 2. 推荐低风险理财组合（货币基金 + 国债比例）。
> 3. 设计月度消费预警机制，包含超额消费的预警及应对策略。
> 请用瀑布图展示资金流向。

场景 6：应急事件处置。

需求：家庭突发情况应对预案。

提示词示例如下。

> 建立家庭应急知识库：
> 1. 制作儿童误食异物处理流程图（含海姆利希法分解步骤）。
> 2. 整理社区应急资源联络表（物业 / 医院 / 消防）。
> 3. 设计每月 1 次的应急演练剧本（火灾 / 地震场景）。
> 4. 要求输出可打印的应急卡模板。

场景 7：亲子教育辅助。

需求：学科知识生活化教学。

提示词示例如下。

> 用厨房场景解释浮力原理：
> 1. 列举 5 种常见食材的密度比较实验。
> 2. 设计 3 个问题引导孩子观察现象。
> 3. 将阿基米德原理转化为烹饪类比。
> 4. 要求语言符合 7 岁儿童认知水平。

6.4.3　求职

使用 DeepSeek 可以辅助个人求职，包括生成及优化简历、模拟面试、技能提升等，以下列出一些 DeepSeek 使用场景。

场景 1：根据个人情况，生成简历。

提示词示例如下。

> 我是一名本科生，xxx 年毕业，大学专业为软件工程，目前掌握的专业技能有 Java 技术，熟悉 JUC，熟悉 SpringMVC 工作流程，熟悉使用 SpringBoot 框架、MySQL 数据库优化及 Redis 缓存，熟练使用 RabbitMQ、Nginx，熟悉 JS、VUE 和 Thymeleaf 等。做过 Java 架构方面的工作。

做过线上教育行业、电商行业的项目，做过直播相关的项目，自己带领过10人的开发团队。现在你帮我写一份应聘Java高级工程师岗位的简历。

场景2：根据岗位目标，生成简历。

提示词示例如下。

根据你的经验，帮我生成一份阿里巴巴P7级别的Java工程师的简历。

场景3：根据岗位，优化简历。

参照以下步骤，上传旧简历，输入目标岗位，生成新简历。

1. 上传你的现有简历：DeepSeek会快速分析你的简历内容。
2. 输入目标岗位信息：DeepSeek会根据岗位需求，提供优化建议。
3. 生成并下载简历：一键生成专业简历，轻松投递。

场景4：简历内语句润色。

输入模糊描述，让DeepSeek补充精准指标。

[原内容]：负责购物车功能开发，通过优化数据库查询和引入异步处理机制，将购物车响应时间缩短50%，提升用户体验。

[DeepSeek修改后]：设计多级缓存架构（Caffeine本地缓存+Redis分布式缓存），通过读写分离策略将购物车QPS从800提升至2500+，降低Redis集群负载40%。

[原内容]：负责销售工作，通过精准营销策略和客户关系管理，年度销售额提升25%，并成功维护了90%以上的客户满意度。

[DeepSeek修改后]：6个月内季度销售额提升30%，新增20家长期客户

场景5：简历内部分模块编写。

提示词示例如下。

请帮我写一段个性化的自我评价，突出我的核心技能和职业目标。我的背景：5年项目管理经验，擅长团队协作和数据分析。

场景6：列出高频面试题，提升面试技能。

提示词示例如下。

明天我要去应聘Java中高级开发工程师，给我列10道高频的Java面试题。

场景7：模拟面试。

提示词示例如下。

> 现在你是一个 Java 面试官，针对应聘 Java 后台开发职位的我，我的技术栈包括 Java、MySQL、Linux、SSM、Spring Boot、Spring Cloud、JVM、JUC 和 Redis。请根据这些技术栈，设计一些深入的问题来考察我的专业能力。你问一个问题，就等我回答一个问题。我回答后，你要评价我的回答如何，有哪些地方不太对。然后你再问下一个问题。听懂了吗？

场景 8：针对不同岗位，列举出高频面试题。

提示词示例如下。

> 针对如下岗位，面试中会出现哪些高频面试题？（给出岗位描述截图或文字）

6.5 职业场景应用

在人工智能重塑职业图景的今天，DeepSeek 不仅是技术工具，更是各领域工作者的"智能协同伙伴"。本节将重点讲解 DeepSeek 在教师、医生和律师三大职业场景下的多样化应用。

6.5.1 教师

在教育领域，AI 技术的应用正变得日益广泛。通过 DeepSeek，教师能够轻松获取高质量的教学资源，显著提升备课效率。DeepSeek 的独特优势在于其能够根据教师输入的课程主题、教学目标和期望的教学方法等关键信息，迅速生成结构清晰、内容丰富的教案框架。从课程导入的创意构思，到教学过程中的互动环节设计，再到课后作业的布置建议，DeepSeek 提供的全面支持帮助教师节省了宝贵的时间，提高了教学工作的效率。

场景 1：备课助手。

提示词示例如下。

> 1. 我是初中语文老师，需要设计《背影》的 30 分钟阅读课，重点分析人物情感，请提供互动环节设计。
> 2. 高一物理"牛顿定律"教学，如何用生活案例解释知识点？请列出 3 个例子并说明原理。
> 3. 我要讲《骆驼祥子》的悲剧色彩，给初中生设计一个 15 分钟的讨论环节，怎么安排流程？
> 4. 用"外卖小哥爬楼梯"的例子解释"做功"概念，设计一个 5 分钟物理课堂小实验。

场景 2：出题与批改作业。

提示词示例如下。

> 1. 生成 10 道小学五年级小数四则运算应用题，难度分基础和提高两级，附答案。
> 2. 初三学生常混淆"质量"和"重量"，请设计 3 道辨析题并配易错点解析。
> 3. 出 5 道小学四年级单位换算易错题，要有陷阱选项，附错误原因分析。
> 4. 出一道结合二维码支付情境的二元一次方程应用题，适合初二学生。
> 5. 给 10 个学生的作文写批注，每个批注两句话，重点表扬细节描写，提示逻辑分层。

场景 3：个性化评语。

提示词示例如下。

> 1. 为数学进步明显但内向的初二学生写一段期末评语，突出计算能力提升，鼓励参与课堂讨论。
> 2. 给英语写作优秀但听力薄弱的高一学生写建议，用"三明治法"（肯定＋建议＋期待）。
> 3. 写一段给数学计算粗心但乐于助人的学生的评语，用幽默语气提醒细心。
> 4. 给因沉迷游戏导致成绩下滑的学生写评语，既要严肃又要保留希望，不带说教感。

场景 4：课堂管理。

提示词示例如下。

> 1. 七年级课堂有学生频繁插话打断教学，试过点名提醒无效，有哪些非惩罚性干预策略？
> 2. 如何为小学三年级班级设计"小组积分制"规则？需包含合作、纪律、作业三个维度。
> 3. 学生上课偷传纸条怎么办？提供 3 个不打断讲课又能制止的方法。
> 4. 如何让总是不交作业的学生承担责任？给 3 个非惩罚性的补救方案。

场景 5：家校沟通。

提示词示例如下。

> 1. 撰写家长会开场发言稿，强调阅读习惯培养，语言亲切有号召力，800 字左右。
> 2. 学生打架后如何与家长沟通？需表达关心、说明事实、提出合作建议。
> 3. 写一条邀请家长监督作业的微信群通知，语气友好不带焦虑感。
> 4. 学生期中考试退步，怎么用"优点＋问题＋建议"结构写私信给家长？

6.5.2 医生

场景 1：症状鉴别诊断。

场景描述：患者主诉非特异性症状时，需要快速生成鉴别诊断列表。

提示词示例如下。

> 患者男 45 岁，持续上腹痛 3 天，伴恶心呕吐，无发热，血淀粉酶 500 U/L，腹部超声提示胆囊壁增厚。请列出前五种鉴别诊断，并按可能性排序，标注关键鉴别点及下一步检查建议。
> 输出要求：表格形式呈现，包含疾病名称、支持/排除依据、紧急处理措施。

场景 2：CT/MRI 影像报告解读。

场景描述：解析复杂影像学术语及临床意义。

提示词示例如下。

> 根据患者的肺部 CT 报告，显示存在多发磨玻璃结节，其中最大直径为 8mm，并且部分结节伴有胸膜牵拉。磨玻璃结节可能由多种因素引起，包括炎症、感染、环境因素等。结节的性质可能是良性的，如肺部炎症或真菌感染，也可能是恶性的，如早期肺腺癌。建议患者根据专科医生的建议，进行必要的进一步检查和评估，以明确诊断并采取相应的治疗措施。请用通俗语言解释术语含义，分析可能病因（按恶性概率排序），并给出随访建议。
> 输出要求：分段说明术语定义、恶性风险评估（附参考文献）、具体随访周期。

场景 3：化疗方案优化。

场景描述：根据基因检测结果选择个体化方案。

提示词示例如下。

> 乳腺癌术后患者 HER2 阳性（3+），PD-L1 CPS=10，存在 BRCA1 突变。请对比 2024 版 NCCN 指南中 T-DM1 与帕博利珠单抗联合化疗方案的 3 年 DFS 数据，并分析心脏毒性风险差异。
> 输出要求：用表格对比疗效指标、副作用发生率、经济学评价。

场景 4：急诊中毒处理。

场景描述：未知毒物暴露的急救流程制定。

提示词示例如下。

> 患者女 30 岁，意识模糊，瞳孔缩小，衣物有蒜味，床边发现不明药瓶。请分步说明急救措施，列出可能毒物种类及对应解毒剂，附实验室检查优先级。
> 输出要求：时间轴流程图（0～60 分钟处置步骤），毒理学匹配表。

场景 5：患者沟通辅助。

场景描述：将专业报告转化为通俗解释。

提示词示例如下。

> 将以下 MRI 报告转化为患者易懂版本："您的 L4-L5 椎间盘稍微向后突出，大约 5mm，这导

致了硬膜囊受到压迫，并且神经根出现了水肿。想象一下，您的脊椎就像是一串珍珠项链，而椎间盘就是连接这些珍珠的软垫。当这些软垫中的一个稍微滑出位置，就会挤压到旁边的神经，就像珍珠稍微偏离了它们原本的位置。这种情况下，我们首先推荐的是保守治疗，比如卧床休息、腰部针灸等物理治疗，以及口服特定药物，通常需要持续2～3个月。只有当您的症状非常严重，比如腿部力量减弱、感觉异常或大小便功能受到影响，严重影响了您的日常生活时，才需要考虑手术治疗。"需包含解剖图示比喻、保守治疗选择及手术指征说明。

输出要求：分栏对照（医学术语 vs 生活化比喻），配3点日常注意事项。

场景6：多学科会诊支持。

场景描述：整合多科室意见形成诊疗计划。

提示词示例如下。

晚期肝癌患者，ECOG 2分，Child-Pugh B级，介入科建议TACE，肿瘤科推荐靶向治疗，外科认为不可切除。请综合各科意见，按照循证医学等级排列治疗选项，并附上生活质量评估矩阵。

输出要求：SWOT分析表格（疗效/风险/成本/生存质量），MDT讨论要点清单。

6.5.3　律师

场景1：案例检索与先例分析。

场景：快速查找类似案件的判决先例，提炼核心法律依据和裁判规则。

提示词示例如下。

请以最高人民法院类案裁判规则为基准，检索与"简要案情描述"相关的10个生效判决，按《中华人民共和国民法典》第××条、第××条等法律依据分类整理，并提炼争议焦点、法院裁判要旨及法律适用逻辑。要求附案号索引，并标注近三年典型案例。

依据：强调案例检索需明确法律依据和结构要求，结论需有类似案件支撑，建议标注时效性。

场景2：合同起草与风险防控。

场景：针对特定交易场景定制合同模板，预设风险防控条款。

提示词示例如下。

请以资深商务律师身份，起草一份自然人间短期消费借贷合同模板，重点包含：
1. 借款金额、期限、利率（注明不超过LPR四倍）。

> 2. 电子送达条款（列明有效联系方式）。
> 3. 争议解决方式（约定互联网法院管辖）。
> 4. 违约情形及救济措施。
> 要求条款表述符合《中华人民共和国民法典》合同编司法解释（二）最新修订内容。

依据：强调签订合同类型和核心条款，提供合同起草模板框架。

场景 3：法律意见书结构化撰写。

场景：为客户或法院提供专业法律意见，需逻辑严谨、依据充分。

提示词示例如下。

> 请按"结论－法律依据－类案支撑－风险提示"结构撰写股东抽逃出资认定的法律意见书。要求：
> 1. 引用《公司法司法解释三》第十二条及 2024 年最高法指导案例 67 号。
> 2. 对比分析本地法院近三年类似案件裁判尺度差异。
> 3. 用表格形式列出关键证据链要素及举证建议。

依据：要求规定文书结构和可视化呈现，强调角色设定与流程分解。

场景 4：跨境合同合规审查。

场景：评估涉及多国家法律的合同合法性与执行风险。

提示词示例如下。

> 请分析本跨境技术服务合同（甲方为中国企业，乙方为美国公司）的合规风险，重点包括：
> 1. 数据跨境传输是否符合《中华人民共和国个人信息保护法》和 GDPR。
> 2. 知识产权归属条款是否触发美国出口管制条例。
> 3. 争议解决条款选择新加坡国际仲裁中心（SIAC）的可行性。
> 要求附相关法条原文链接。

依据：提及跨境合同，需考虑法律适用差异，建议提供法条背景。

场景 5：刑事证据合法性审查。

场景：质疑关键证据（如监控录像）的合法性及证明力。

提示词示例如下。

> 请从证据三性（合法性、真实性、关联性）角度分析案涉监控录像的瑕疵，重点排查：
> 1. 调取程序是否符合《中华人民共和国刑事诉讼法》第五十四条。
> 2. 时间戳是否连续（需比对基站数据）。
> 3. 录像中人物动作与现场勘验笔录的矛盾点。
> 要求以思维导图形式输出结论。

依据：推荐使用漏洞检测法，以强调技术证据审查的重要性。

场景 6：法律文书翻译与术语校准。

场景描述：精准翻译涉外法律文件，确保专业术语在翻译中的一致性和准确性。

提示词示例如下。

> 请将以下中文《股权质押协议》第 3～5 条翻译为英文，要求：
> 1. 在完成股权质押合同后，应确保符合纽约州商事合同的惯例，包括但不限于合同的格式、条款的明确性以及双方权利义务的清晰界定。使用《元照英美法词典》术语规范。
> 2. 保留"不可撤销连带责任担保"等专业表述。
> 3. 对"流质条款"等中国特色概念添加脚注解释。
>
> 完成后自查是否符合纽约州商事合同惯例。

依据：强调法律翻译需术语准确，要求风格匹配目标用户。

场景 7：客户沟通邮件起草。

场景：向客户解释复杂法律问题，需要专业性与通俗性平衡。

提示词示例如下。

> 请以家事律师身份撰写邮件，向客户解释离婚诉讼中房产分割的三种方案：1. 竞价取得；2. 作价补偿；3. 实物分割。
>
> 要求：
> 1. 每种方案用一句话概括其核心利弊。
> 2. 附本地法院近一年类似案件平均执行周期。
> 3. 结尾用"您可参考附件《常见问题解答》进一步了解"过渡。

依据：提供沟通场景模板，强调语言风格调整。

第 7 章

DeepSeek+

DeepSeek 的崛起，既得益于其卓越的技术实力，也归功于其开源模式赋予的低成本竞争力。目前，DeepSeek 已快速渗透到各个行业，与不同的工具和技术结合，形成多种"王炸"组合。未来 5 年，DeepSeek 技术将与多种应用相结合，将不断重塑金融科技、智慧医疗、个性化教育、内容创作等多个领域。

7.1 API 方式访问大模型的 3 个参数

扫码看视频

将 DeepSeek 与不同工具结合，使用的是通过 API 访问 DeepSeek 方式。目前，有很多平台可以使用 DeepSeek 大模型的 API key，如 DeepSeek 官网、硅基流动、阿里云百炼、火山引擎、百度智能云、千帆等。

要通过 API 访问 DeepSeek 大模型，需要通过 3 个关键参数：API 的 URL 地址、API 密钥以及所选模型的名称。其中，URL 是访问大模型的统一资源定位符，用于定位大模型所属平台；API key 是访问大模型的密钥；model 是大模型类型，用于定位该平台的具体模型类型。

接下来，我们以 DeepSeek 官网为例，详细说明如何获取这 3 个关键参数。其他平台的获取流程大同小异，故在此不做详细展开。

访问 DeepSeek 官网（https://www.deepseek.com/），单击页面右上角的"API 开放平台"链接，如图 7.1 所示。

图 7.1　DeepSeek 官网

进入 API 开放平台页面后,选择页面左侧的 API keys 选项,如图 7.2 所示。

图 7.2　API keys

可以创建自己的 API key,如图 7.3 所示。注意,API key 仅在创建时可见并可复制,务必妥善保管。不要与他人共享 API key,或将其暴露在浏览器或其他客户端代码中。

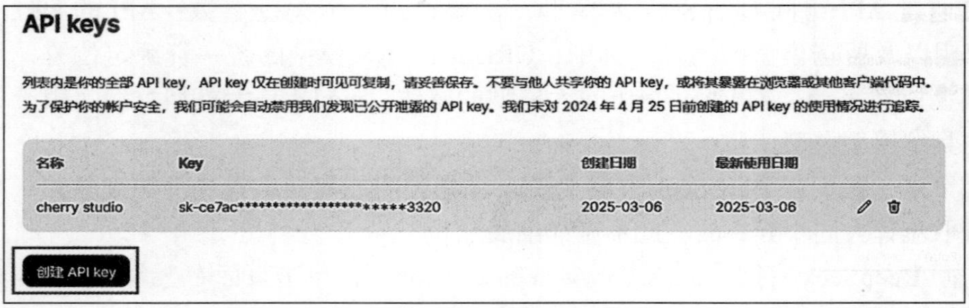

图 7.3　创建 API key

创建 API key 后，用户可根据自己需要，在账户中进行充值，此处不再赘述。接下来，单击页面左侧的"接口文档"链接，如图 7.4 所示。

图 7.4　接口文档

在新出现的 DeepSeek API 文档页面中，可以获取 URL 和 model，如图 7.5 所示。

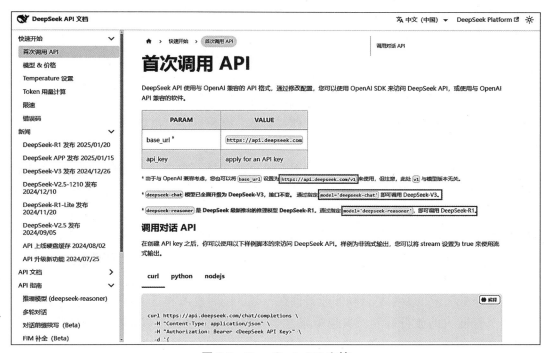

图 7.5　DeepSeek API 文档

了解了如何获取大模型的 URL、model 和 API key 后，我们即可着手将 DeepSeek 集成至其他工具。

7.2　使用 DeepSeek 构建个人知识库

个人知识库是个人在学习、工作和生活中积累的有价值信息的系统化组织工具，通过分类、标签和关联等手段实现数字化管理，宛如"第二大脑"，能存储、检索并更新知识，有效对抗遗忘，提高信息利用的效率。在信息过载的时代，构建个人知识库能有效筛选和沉淀有价值的内容，避免被碎片化信息淹没，同时通过知识复制效应实现跨领域整合，如将编程技巧与设计思维结合形成创新方案。

7.2.1　哪些人需要搭建个人知识库

在信息爆炸和 AI 技术发展的时代，搭建个人知识库可以强化个人核心竞争力。那么哪些人需要搭建个人知识库呢？

（1）小型企业主或创业者可以通过个人知识库实现知识资产化。个人知识库可以加密存储核心经验，群组知识库可以共享项目文档，企业知识库可以对接 OA（office automation，办公自动化）、CRM（customer relationship management，客户关系管理）系统。个人知识库还可以查阅和分享文件、文档、客户反馈、市场分析，大大提升工作效率。

（2）职场打工人或自由职业者。知识库可沉淀项目经验，形成决策错题本，将零散经验转化为可视化能力图谱。例如，大厂程序员可将日常工作流程、会议纪要、OKR 看板等业务知识结构化存储。除此以外，写作、设计、视频制作等行业，知识库可以协助管理大量的素材、创意和客户需求。通过知识库，可以轻松存储和搜索这些资料，并通过大模型进行二次创作。

（3）教师和学生。教师可以利用知识库管理教学资源、课程安排、教材资料等。学生可以将课堂笔记、参考书目和作业整理在一起，随时复习和备考。

（4）普通人的旅行计划、兴趣爱好、学习笔记等，全都可以集中在知识库中进行管理。

7.2.2 哪些工具可以搭建个人知识库

扫码看视频

有很多工具和平台结合 DeepSeek 或其他大模型可以搭建个人知识库。

1. AnythingLLM

开源全栈 AI 客户端，专注构建私有化知识交互系统。支持文本、图像、音频等多模态输入，通过工作区隔离实现文档容器化管理。其核心价值在于"本地模型 + 云端 API"混合部署的能力，适合需要兼顾隐私与性能的场景。

2. MaxKB

RAG 技术标杆，专攻企业级知识库问答。通过智能分段与混合检索（关键词 + 语义），实测检索命中率比同类工具高 20%。突出优势是开箱即用的 PDF 解析优化，和国产大模型深度适配。

3. Dify

低代码 AI 应用框架，提供可视化 Prompt 编排和 RAG 管道。核心亮点在于工作流引擎，可自定义数据清洗规则与模型调用链路，适合需要复杂业务逻辑集成的开发者。

4. Metaso

AI 增强型搜索引擎，通过 RAG 技术实现跨模态信息整合。支持全网 / 学术 / 播客多范围搜索，提供思维导图与 PPT 生成功能，适合研究型用户快速梳理信息脉络。

5. Cherry Studio

国产开源多模型终端，集成"本地知识库 + 联网搜索 +AI 绘图"。其模块化设计支持自定义智能体（如调整温度参数），并通过 WebDAV 实现增量备份，隐私保护能力突出。

6. ima

腾讯 AI 工作台，深度整合微信公众号生态。特色功能是边搜索边记录的知识沉淀机制，支持将微信文章直接导入知识库并生成思维导图，适合内容创作者与新媒体运营者。

本书将以 Cherry Studio 和 ima 为例，介绍如何搭建个人知识库。

7.2.3 个人知识库搭建实践

1. 基于 Cherry Studio 搭建个人知识库

扫码看视频

Cherry Studio 的特点是支持客户端访问，支持完整版 DeepSeek-R1 大模型，无需本地部署，响应速度快，适合处理大量文档。

在 2.2 节中，我们使用 Cherry Studio 搭配硅基流动平台，搭建了个人的桌面版 AI 助手，接下来我们将继续利用其构建个人知识库，操作步骤如下。

（1）打开 Cherry Studio，单击左下角的"设置"按钮，在设置页面中依次选择"模型服务"→"硅基流动"选项，在右侧的模型列表下方，单击"管理"按钮，打开"硅基流动模型"对话框，添加 BAAI/bge-m3 和 Pro/BAAI/bge-m3 模型，如图 7.6 所示。其中，Pro 版为收费模型，搜索精度更高。

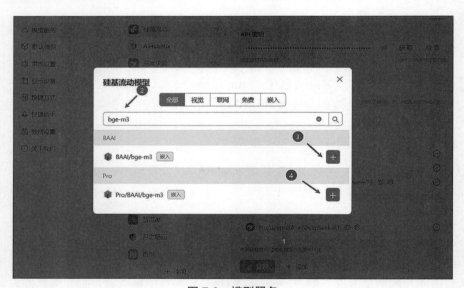

图 7.6 模型服务

bge-m3 是一个多功能、多语言、多粒度的文本嵌入模型，支持三种常见的文件检索功能：密集检索、多向量检索和稀疏检索。添加此嵌入模型后，上传的本地文件将被转化为计算机易于解读的二进制格式，并安全存储于向量数据库中。

（2）在侧边栏依次单击文档标识、添加，命名知识库并选择嵌入模型，如图 7.7 所示。Cherry Studio 支持将不同格式的文件、文件夹、网页地址、大段文本内容等添加到知识库。

若文件中包含手写笔迹、表格或复杂数学公式等元素，其解析效果可能会大打折扣。

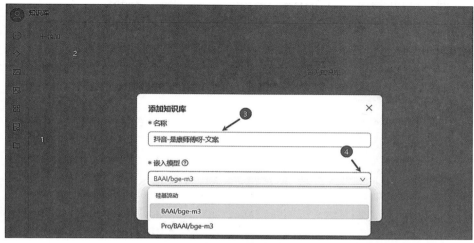

图 7.7　创建知识库

（3）知识库创建完成后，可以在知识库中检索，如图 7.8 所示。

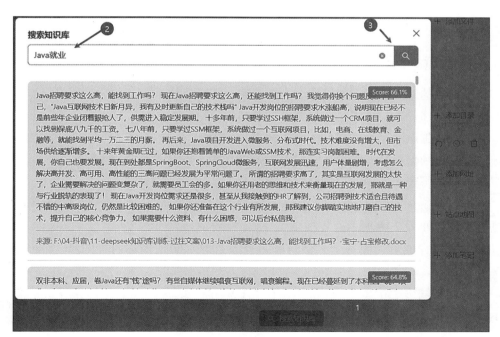

图 7.8　检索知识库

（4）可以基于知识库进行提问。在 Cherry Studio 中提问时，需先选中"知识库"，再进行提问，得到的结果将基于现有的知识库生成，如图 7.9 所示。

图 7.9　检索结果

2. 基于 ima 搭建个人知识库

腾讯推出的 ima 可以高效搭建个人知识库，其特点如下。

（1）支持客户端、小程序、网页等多端同步访问。

（2）支持腾讯混元大模型、DeepSeek-R1 完整版。

（3）通过微信提问，模型基于知识库生成答案。

基于 ima 搭建个人知识库的操作步骤如下。

（1）访问 ima 官网（https://ima.qq.com/），下载适合自己使用环境的 ima 安装包，并进行安装，如图 7.10 所示。

（2）安装完成后，使用个人微信账号登录，即可实现多端内容同步。ima 首页如图 7.11 所示。

（3）在左侧边栏中单击 按钮，在"知识库"页面中单击"+"按钮，如图 7.12 所示。

第 7 章　DeepSeek+

图 7.10　ima 安装页面

图 7.11　ima 首页

（4）在弹出的窗口中为知识库添加名称、封面、描述、推荐问题等信息，设置完毕后，单击"确定"按钮退出，如图 7.13 所示。

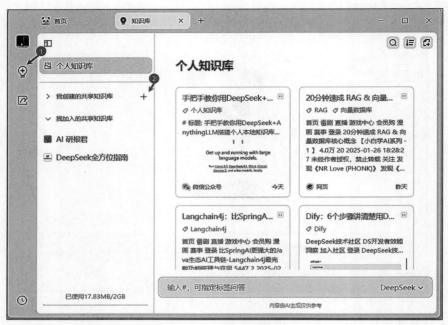

图 7.12 创建共享知识库

（5）个人共享知识库创建完成后，可以导入本地文件，如图 7.14 所示。

图 7.13 填写知识库基本信息

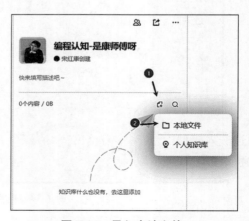

图 7.14 导入本地文件

（6）在对话框发起问话，大模型将会根据你的个人知识库做出回答，如图 7.15 所示。

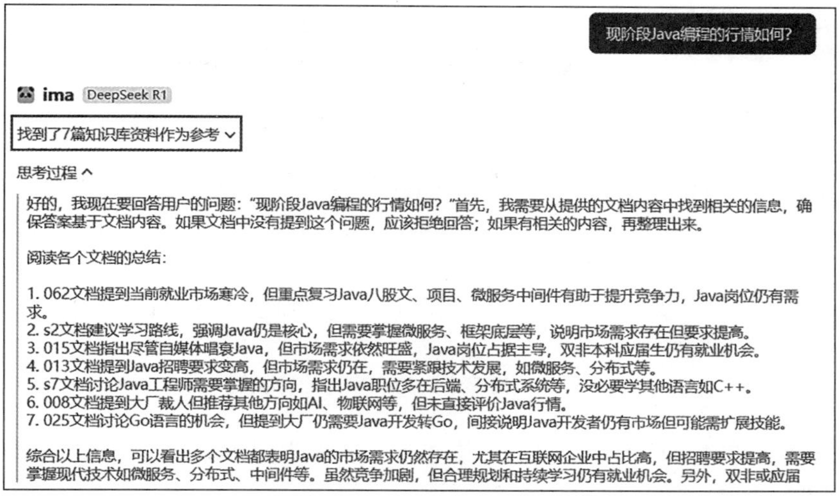

第 7 章　DeepSeek+

图 7.15　基于知识库生成内容

以上是简单的使用 ima 搭建个人知识库的操作流程。除此之外，ima 还支持以下功能。

（1）共享知识库：将你创建的个人知识库共享出去，可创建团队共享库，通过链接或二维码邀请成员协作，支持权限分级。

（2）知识库广场：加入行业知识库（如法律、教育类），免费获取专业资源且不占用个人存储空间。加入其他行业知识库后，即可基于这些知识库进行提问。

（3）网页链接加入知识库：Ima 支持多渠道导入，如微信聊天记录、公众号文章、视频链接等，还可以自动生成摘要和标签，自动解析关键信息。

7.2.4　相关理论知识

1. 构建个人知识库的执行流程

扫码看视频

通过嵌入模型构建个人知识库的执行流程如图 7.16 所示。

解析执行流程如下。

（1）数据加载。通过非结构化数据加载器加载文档（如 PDF、Word、TXT 等），支持结构化和非结构化数据的输入。

（2）文档预处理。利用文档切分工具，将原始文本细分为更小的文本块（Text Chunk），以便后续深入处理。

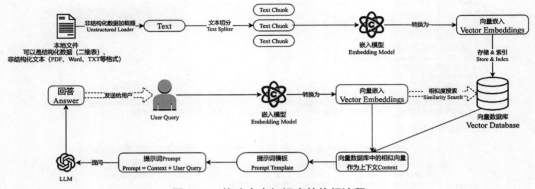

图 7.16　构建个人知识库的执行流程

（3）向量化转换。每个文本块通过嵌入模型转换为向量嵌入（Vector Embeddings），将文本语义映射到向量空间。

（4）存储与索引。向量嵌入被存入向量数据库，并建立索引（Store & Index），支持高效相似性检索。

（5）用户查询处理。用户输入查询（User Query），可能包含结构化（二维表）或非结构化数据需求。系统结合上下文（从向量数据库中检索的相似向量）和用户查询，生成搜索提示词（Prompt = Context + User Query）。提示词模板用于标准化提示词格式，以确保检索逻辑一致。

（6）相似性检索。在向量数据库中搜索与提示词匹配的相似向量，作为生成答案的依据。

（7）生成回答。系统根据检索结果生成最终回答，支持结构化和非结构化数据的输出。

需要注意的是，向量嵌入存入向量数据库时所执行的存储 & 索引过程，及 User Query 向量化后执行的相似度检索过程，不同产品的实现细节可能不同。

2. RAG

RAG（retrieval-augmented generation，检索增强生成）是一种结合信息检索（retrieval）与文本生成（generation）的技术，旨在提升大语言模型在回答专业问题时的准确性和可靠性。

RAG 通过检索外部知识获取信息，个人知识库可以成为其定制化数据来源。用户可以将本地文件、网页、数据库等私有数据构建成结构化知识库，为 RAG 提供精准的检索素材。

大型语言模型（LLM）的训练依赖于网络上公开的海量静态数据，而某些特定领域（如企业内部资料、专有技术文档等）的数据通常不会作为公开的训练数据，导致模型在面对这些领域的查询时，可能因缺乏足够的信息而生成不准确甚至虚构的回复。

为了解决这一问题，RAG 技术通过引入向量数据库（vector database）作为外部知识源，将模型缺失的知识以结构化的形式提供。

如图 7.17 所示，当我们需要检索"2024 年腾讯的技术创新"时，传统检索方式只会找到包含"2024 年腾讯的技术创新"的文章切片，从包含腾讯内部技术研发报告的向量数据库中检索，就可以得到语义更接近的"wxg 的研发成功"相关文章。

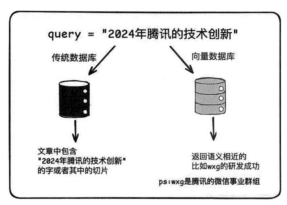

图 7.17　不同方式检索"2024 年腾讯的技术创新"

另一方面，随着 LLM 规模扩大，训练成本与周期相应增加。因此，包含最新信息的数据难以融入模型训练过程，无法及时反映最新的信息或动态变化。导致 LLM 在应对诸如"请推荐当前热门影片"等时间敏感性问题时出现局限性。对于这一问题，DeepSeek 给出的解决方案是提供联网搜索功能。因此，联网搜索功能是一种特殊形式的 RAG 技术。

RAG 具有以下技术优势。

（1）抑制 AI 幻觉问题：RAG 通过引用可追溯的来源数据，显著降低大模型生成虚构或错误答案的概率。例如，回答"美国成立时间"时，RAG 优先从历史文档中检索真实年份，而非依赖模型记忆。

（2）提升时效性与专业性：支持整合最新数据和领域知识（如法律条款、医疗指南），弥补大模型训练数据的时间滞后性。

（3）增强可控性与可解释性：答案可关联至具体文档片段，便于用户验证来源；通过权限管理控制知识库访问范围，保障数据安全。

（4）降低成本：相比全量微调模型，RAG 仅需更新知识库即可扩展能力，减少计算资源消耗。

7.3 DeepSeek 集成到开发工具

7.3.1 IDEA

可以使用 Continue 或 Proxy 插件将 DeepSeek 集成到 IDEA 中，以方便开发。本书以 Proxy 为例进行介绍。

（1）在 IDEA 插件市场搜索 Proxy AI 并进行安装，如图 7.18 所示。安装完成后，单击 Apply 按钮使安装生效。

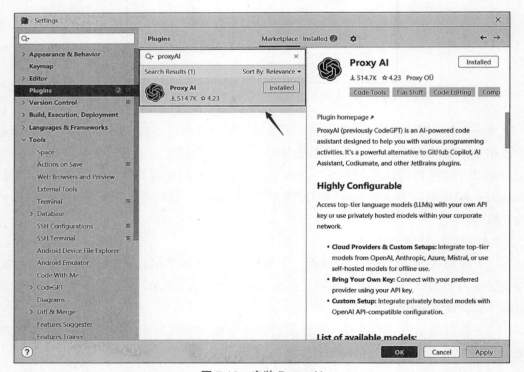

图 7.18　安装 Proxy AI

（2）在左侧配置菜单中依次选择 Settings → Tools → CodeGPT 选项，如图 7.19 所示。Proxy AI 原名 CodeGPT，目前配置菜单还未修改。

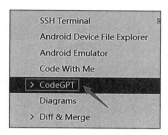

图 7.19　配置菜单

（3）在右侧对话框中配置 API 链接信息，如图 7.20 所示。

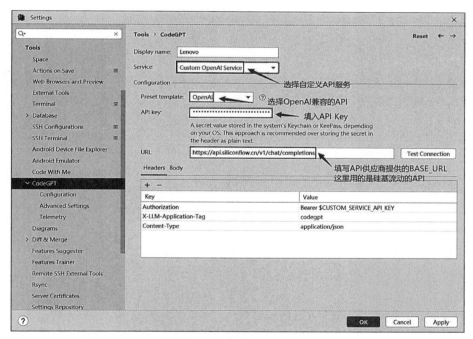

图 7.20　配置 API 链接信息

（4）在 Body 中填写模型 ID，如图 7.21 所示。

（5）测试连接。单击 Test Connection 按钮，等待一段时间，系统提示 Successful 则表明配置成功，依次单击 Apply 按钮和 OK 按钮生效，如图 7.22 所示。

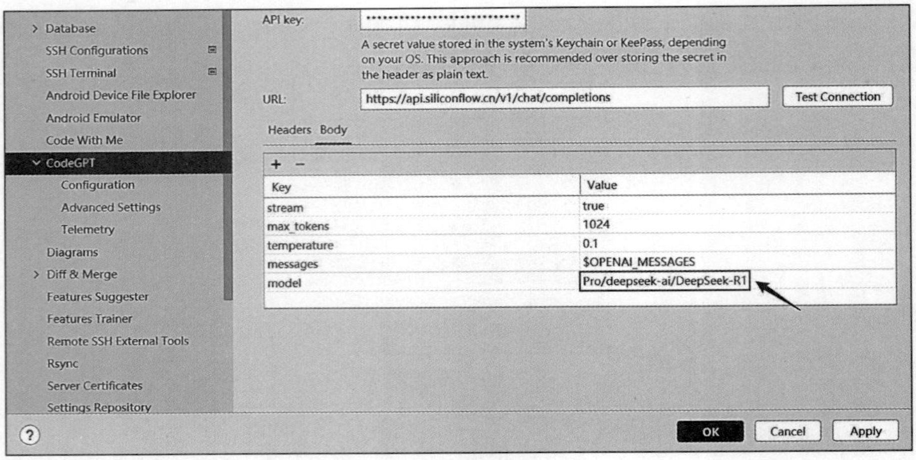

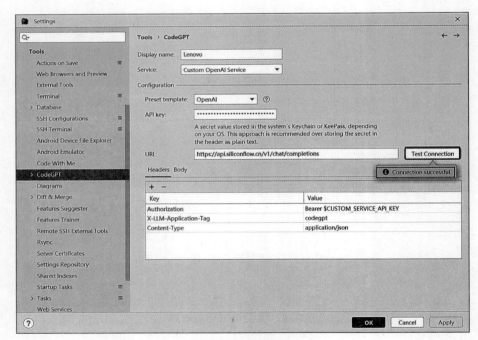

图 7.21　填写模型 ID

图 7.22　测试连接

（6）在 IDEA 主页面右侧打开的对话窗口选择模型，即可使用该模型，如图 7.23 所示。这里选择自定义服务下的 OpenAI 兼容服务，即刚才配置的 API 链接，如图 7.24 所示。

第 7 章　DeepSeek+

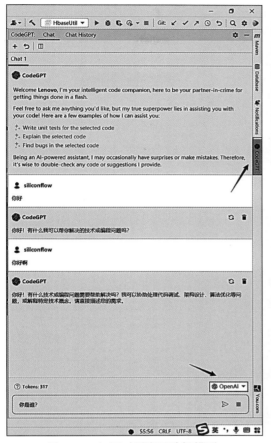
图 7.23　打开对话窗口选择模型

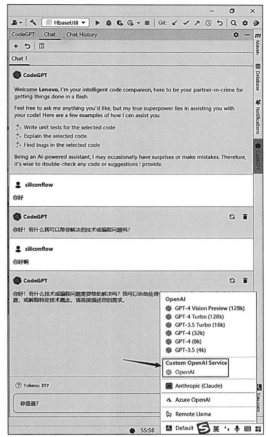
图 7.24　OpenAI 兼容服务

7.3.2　VS code

通过 Cline 插件，可将 DeepSeek 集成到 VS Code 中。Cline 是一个 github 上的开源项目。

（1）在插件市场中选择 Cline，进行安装，如图 7.25 所示。

（2）安装完成后，单击左侧图标打开 Cline，如图 7.26 所示。

（3）单击右上角的"设置"按钮，配置 API 信息，如图 7.27 所示。配置完毕后，单击 Done 按钮。

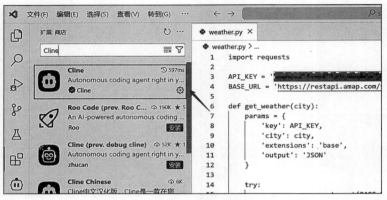

图 7.25 安装 Cline

图 7.26 打开 Cline

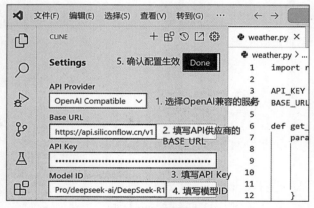

图 7.27 配置 API

（4）Cline 支持的服务，默认全选即可，如图 7.28 所示。

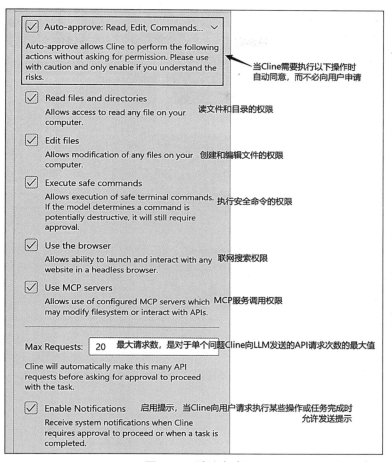

图 7.28 默认全选

MCP 是 model context protocol 的简称,是一种由 Anthropic 推出的开放标准,旨在实现 LLM 与外部数据源和工具之间的无缝集成。MCP 通过标准化协议,使 AI 模型能够安全地访问和操作本地及远程数据,从而提升 AI 应用的响应质量和工作效率。

7.4 DeepSeek+Office

通过将 DeepSeek 集成至 Office,用户能够显著提升办公效率。

7.4.1 DeepSeek+Word

将 DeepSeek 嵌入 Word 中，使用会更加便捷、高效。推荐使用 2 种嵌入方式：手动配置和通过 Office AI 助手进行配置。

扫码看视频

1. 增加"开发工具"功能

（1）启动 Microsoft Office Word 后，新建一个 Word 文档，选择"文件"→"选项"，如图 7.29 所示。

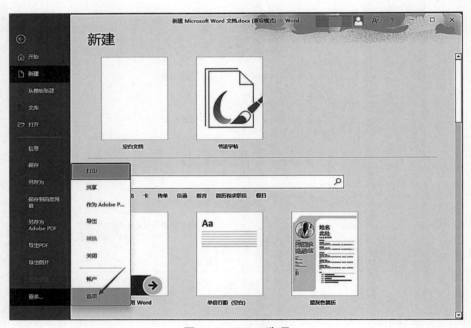

图 7.29　Word 选项

（2）在"Word 选项"页面的左侧栏中选择"自定义功能区"选项，在右侧面板中选中"开发工具"复选框，单击"确定"按钮保存设置，如图 7.30 所示。

2. 启用所有宏

（1）在"Word 选项"页面的左侧栏中选择"信任中心"，在右侧页面中单击"信任中心设置"按钮，如图 7.31 所示。

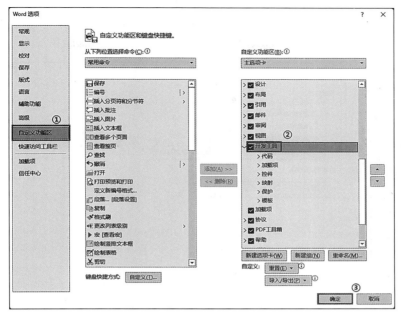

图 7.30　自定义功能区

图 7.31　信任中心

（2）在打开的"信任中心"页面左侧栏中选择"宏设置"选项，在右侧页面中选中如图 7.32 所示的两个选项。

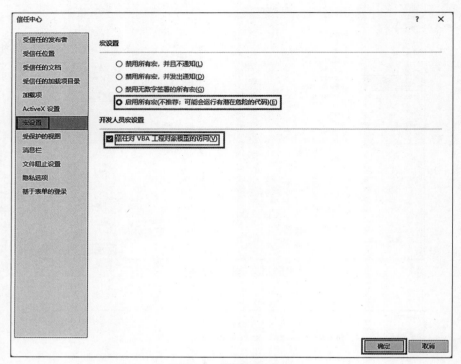

图 7.32　设置信任中心

3. 设置 Visual Basic 模块

（1）返回 Word 主界面，选择"开发工具"→"Visual Basic"，如图 7.33 所示。

图 7.33　开发工具

（2）打开 Visual Basic 开发窗口，在左侧栏中右击 Project 选项，在弹出的快捷菜单中选择"插入"→"模块"，如图 7.34 所示。

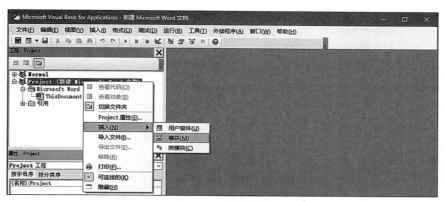

图 7.34　编写模块

（3）页面右侧会出现代码新插入模块的代码编辑区，将对应代码插入后，即可使用对应的大模型。

以 DeepSeek-V3 模型为例，需要将如下代码填写至右侧代码编辑区。需要注意的是，加粗部分的代码填写的是 7.1 节中讲解过的 API 方式访问大模型的 3 个参数 url、model 和 API key。

```
Function CallDeepSeekAPI(api_key As String, inputText As String) As String
    Dim API As String
    Dim SendTxt As String
    Dim Http As Object
    Dim status_code As Integer
    Dim response As String

    API = "https://api.deepseek.com/chat/completions "
    SendTxt = "{ " " model " " : " " deepseek-chat " ", " " messages " " : [{ " " role " " : " " system " ", " " content " " : " " You are a Word assistant " " }, { " " role " " : " " user " ", " " content " " : " " " & inputText & " " " }], " " stream " " : false} "

    Set Http = CreateObject( "MSXML2.XMLHTTP ")
    With Http
        .Open "POST", API, False
        .setRequestHeader "Content-Type", "application/json"
        .setRequestHeader "Authorization ", "Bearer" & api_key
        .send SendTxt
```

```
            status_code = .Status
            response = .responseText
        End With
        
        '弹出窗口显示 API 响应（调试用）
        
        'MsgBox "API Response: " & response, vbInformation, "Debug Info"
        
        If status_code = 200 Then
            CallDeepSeekAPI = response
        Else
            CallDeepSeekAPI = "Error: "& status_code & "-" & response
        End If
        
        Set Http = Nothing
End Function

Sub DeepSeekV3()
    Dim api_key As String
    Dim inputText As String
    Dim response As String
    Dim regex As Object
    Dim matches As Object
    Dim originalSelection As Object
    
    api_key = " 填写你的 API KEY"
    If api_key = "" Then
        MsgBox "Please enter the API key."
        Exit Sub
    ElseIf Selection.Type <> wdSelectionNormal Then
        MsgBox "Please select text."
        Exit Sub
    End If
    
    ' 保存原始选中的文本
    Set originalSelection = Selection.Range.Duplicate
```

```vb
            inputText = Replace(Replace(Replace(Replace(Replace(Selection.text, "\", "\\"), vbCrLf, ""),
vbCr, ""), vbLf, ""), Chr(34), "\""")
            response = CallDeepSeekAPI(api_key, inputText)

            If Left(response, 5) <> "Error" Then
                Set regex = CreateObject("VBScript.RegExp")
                With regex
                    .Global = True
                    .MultiLine = True
                    .IgnoreCase = False
                    .Pattern = """content""":""(.*?)"""
                End With
                Set matches = regex.Execute(response)
                If matches.Count > 0 Then
                    response = matches(0).SubMatches(0)
                    response = Replace(Replace(response, """", Chr(34)), """", Chr(34))

                    ' 取消选中原始文本
                    Selection.Collapse Direction:=wdCollapseEnd

                    ' 将内容插入到选中文字的下一行
                    Selection.TypeParagraph ' 插入新行
                    Selection.TypeText text:=response

                    ' 将光标移回原来选中文本的末尾
                    originalSelection.Select
                Else
                    MsgBox "Failed to parse API response.", vbExclamation
                End If
            Else
                MsgBox response, vbCritical
            End If
        End Sub
```

本书附赠资料内含 DeepSeek 官网、阿里云百炼、硅基流动及火山引擎四大平台的配置代码，如图 7.35 所示。用户需要将相应平台和模型的代码复制到右侧代码编辑区，并准确填入各自的 API key。

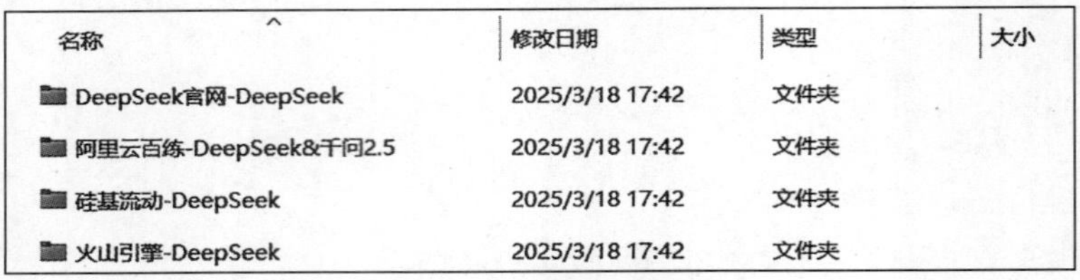

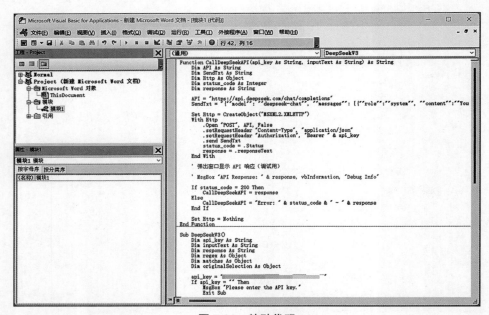

图 7.35 本书附赠资料

（4）把代码填入右侧代码编辑区后，效果如图 7.36 所示。

图 7.36 粘贴代码

（5）按 Ctrl+S 快捷键保存代码内容，出现如图 7.37 所示提示对话框，单击"是"按钮。

（6）插入一个 DeepSeek-V3 模块后，还可以继续插入其他模块。例如，可以继续插入模块 2，将 DeepSeek-R1 的代码粘贴进模块 2 的右侧代码编辑区；再插入模块 3，将硅基流动平台的 DeepSeek-R1 的代码粘贴至模块 3 的右侧代码编辑区。当然，需要将 DeepSeek 官网和硅基流动平台的 API key 填写至代码的对应位置。

（7）完成模块编辑后，按 Ctrl+S 快捷键保存，随后可关闭 Visual Basic 工具窗口。

图 7.37　提示对话框

4. 添加到开发工具

（1）回到主页面，单击"文件"→"选项"命令，在打开的"Word 选项"页面中，选择左侧栏的"自定义功能区"选项，在右侧选中"开发工具"复选框，然后单击"新建组"按钮，如图 7.38 所示。

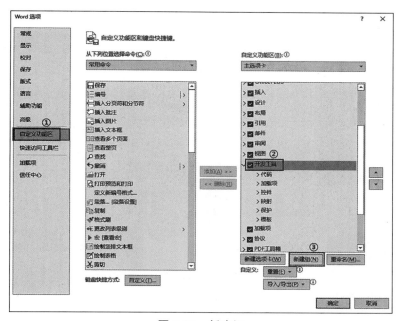

图 7.38　新建组

（2）在"新建组（自定义）"上单击右键，在弹出的快捷菜单中选择"重命名"命令，将新组命名为"AI 助手"。

（3）在"自定义功能区和键盘快捷键"面板的"从下列位置选择命令"下拉列表框中选择"宏"选项，如图 7.39 所示。

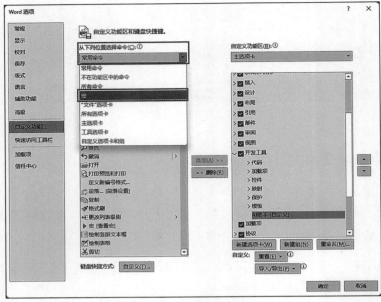

图 7.39 选择"宏"选项

（4）此时会出现之前添加的 Visual Basic 模块，将其添加至右侧，如图 7.40 所示。

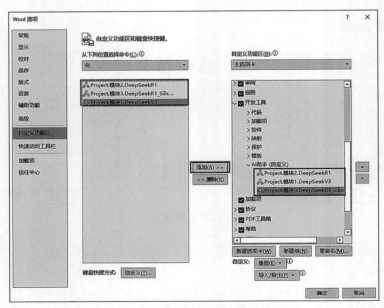

图 7.40 添加 Visual Basic 模块至右侧

（5）选中新添加的命令后，对其进行个性化命名，并挑选一个心仪的图标作为标识，如图 7.41 所示。

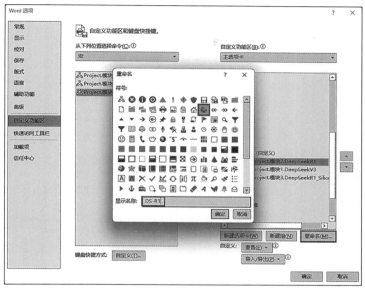

图 7.41 挑选图标

（6）全部重命名完成后，单击"确定"按钮，回到 Word 文档编辑页面，在"开发工具"选项卡下即可看到刚刚创建的 AI 助手组，以及 3 个新的 AI 助手工具，如图 7.42 所示。

图 7.42 AI 助手工具

经过以上操作，DeepSeek 就成功接入 Word 中了。

5. 测试智能 AI 助手

回到 Word 文档页面，在文档中输入一句话"你是谁"，然后单击"开发工具"选项卡中创建的功能按钮，即可得到回应，如图 7.43 所示。

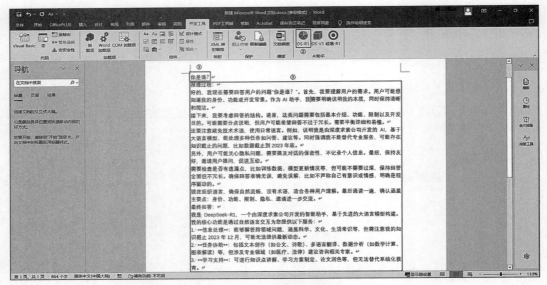

图 7.43　测试 AI 助手

6. 创建模板

（1）配置完毕后，千万不要直接关闭文件，将文件另存为启用宏的 Word 模板，如图 7.444 所示。

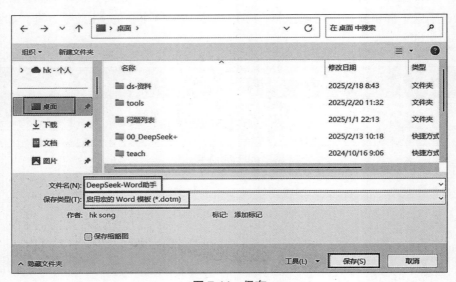

图 7.44　保存

（2）请将文件妥善保存至指定路径 C:\Users\ 用户名 \AppData\Roaming\Microsoft\Word\STARTUP 文件夹内，参照图 7.45 示操作。这样每次打开 Word 时，宏就会自动启用。

图 7.45　保存至指定路径

除了以上通过开发工具集成 DeepSeek 的方式，用户还可以直接下载 Office AI 助手工具，下载地址为 https://office-ai.cn/。Office AI 的下载和安装比较简单，此处不再赘述。

通过与 Office AI 互动，可以轻松完成 Word 中的各项功能，无需费力搜索特定功能的位置，也不必记忆复杂的 VBA 宏代码。这种交互式操作为用户提供了更直观、更友好的界面，使得完成各项任务变得更加便捷和高效。无论是对于初学者还是经验丰富的用户，这种智能化的使用体验都让文档编辑更加愉快和高效，为用户节省了大量的时间和精力。

Office AI 助手安装成功后，除了可以辅助 Word 工作，还可以在 WPS、Excel 中帮助用户完成各种工作。

7.4.2　DeepSeek+WPS

在 WPS 中集成 DeepSeek 的流程与在 Microsoft Word 中集成 DeepSeek 的流程类似，但由于 WPS 默认不支持 Visual Basic 编辑器，所以需要先手动安装插件。

扫码看视频

（1）在附赠资料中找到 WPS 插件安装包，双击安装 WPS 插件，如图 7.46 所示。

（2）新建一个 WPS 文档，并打开。选择"文件"→"选项"，打开"选项"页面，在左侧栏中选择"自定义功能区"，在对应面板中选中"工具"复选框，如图 7.47 所示，然后单击"确定"按钮保存设置。

（3）左侧栏中选择"信任中心"，在右侧页面中单击"宏安全性"按钮，打开"安全性"对话框，选中"低（不建议使用）"单选按钮，单击"确定"按钮退出，如图 7.48 所示。然后选中"启用宏后自动添加为受信任的文档""启用所有第三方 COM 加载项，重启 WPS 后生效"两个复选框，再次单击"确定"按钮。

图 7.46　安装 Visual Basic 插件

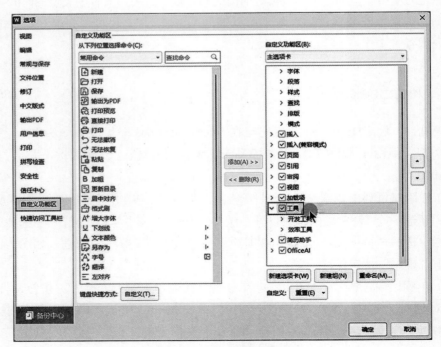

图 7.47　选中"工具"复选框

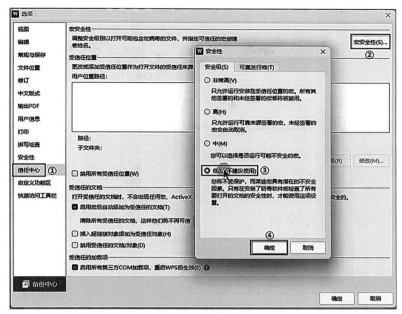

图 7.48 设置宏安全性

（4）返回文档编辑页面，在"工具"选项卡中选择"开发工具"→"VB 编辑器"，如图 7.49 所示。

图 7.49 VB 编辑器

（5）接下来的操作与在 Microsoft Word 集成 DeepSeek 的操作类似。打开 VB 编辑器，插入模块，并根据选用的平台和大模型，将本书附赠的代码粘贴进右侧的代码编辑区，将 API key 填写至对应位置。全部填写完成后，保存并关闭 VB 编辑器即可。

（6）回到文档编辑主页面，在"工具"选项卡下新建组和工具，操作同样与在 Microsoft Word 中类似，此处不再赘述。

（7）全部配置完成后，将文件另存为模板文件，然后将模板文件保存至 C:\Users\用户名\AppData\Roaming\Kingsoft\wps\startup 路径下，这样每次启动 WPS 时，宏就会被启用。

7.4.3 DeepSeek+Excel

扫码看视频

在 Excel 中集成 DeepSeek 与在 Word 和 WPS 中集成 DeepSeek 的前置条件相似。首先添加"开发工具"选项卡，然后在信任中心设置启用宏信任。接下来的操作将有所不同，下面一起来操作。

（1）新建 Excel 文档，在"视图"中选择"宏"→"录制宏"，如图 7.50 所示。

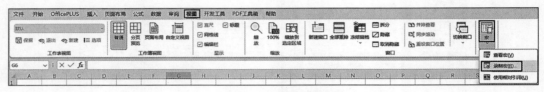

图 7.50 录制宏

（2）在"录制宏"对话框的"保存在"列表框中选择"个人宏工作簿"，如图 7.51 所示。

（3）单击"确定"按钮后，等候几秒，单击左下角的停止按钮，终止录制。此时 Excel 就会创建并隐藏 Personal.xlsb。

（4）单击"开发工具"选项卡→"Visual Basic"，在弹出的 VB 编辑器页面中，会看到 PERSONAL.XLSB 工程，如图 7.52 所示。

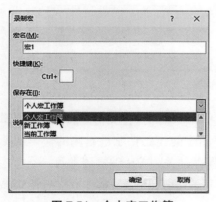

图 7.51 个人宏工作簿

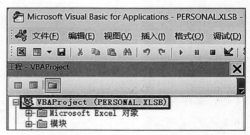

图 7.52 PERSONAL.XLSB 工程

（5）选中 PERSONAL.XLSB 工程，选择"工具"→"引用"，如图 7.53 所示。

（6）选中如图 7.54 所示两项内容的复选框，进行引用。

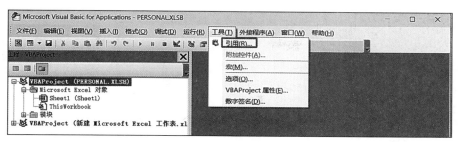

图 7.53　工具引用

图 7.54　选中选项

（7）接下来，在 PERSONAL.XLSB 工程上右击，在弹出的快捷菜单中选择"导入文件"命令，如图 7.55 所示。

（8）导入本书提供的四个代码文件：

- AIChat.bas：智能知识问答模块。
- AIDataAnalysis.bas：智能数据分析模块。
- AIFormat.bas：智能排版模块。
- JsonConverter.bas：Json 解析模块。

导入模块后的页面显示如图 7.56 所示。以上代码文件专为火山引擎设计，火山引擎作为 DeepSeek-R1 模型 API 的提供平台，享有高度的稳定性。

图 7.55　导入文件

图 7.56　导入模块

（9）导入文件后，需要修改每个模块文件中的 API key 和 model id。读者注册并登录火山引擎后，在火山引擎首页的左侧"API key 管理"处可以创建并复制 API key，在"在线推理"处，可以创建推理节点，分别创建 DeepSeek-R1 的推理节点和 DeepSeek-V3 的推理节点，然后获取推理节点 id，如图 7.57 所示。

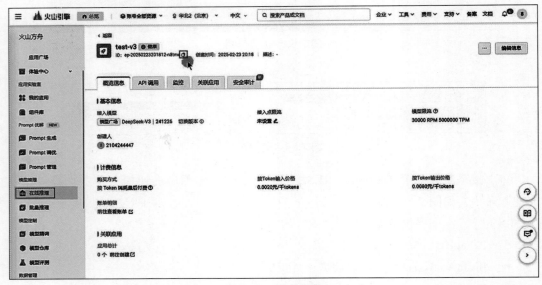

图 7.57　火山引擎

（10）将 API key 以及 DeepSeek-R1 和 DeepSeek-V3 的推理节点 id 分别填写到代码中的相应位置。全部填写完成后，关闭 Visual Basic 编辑器，回到 Excel 文档编辑主页面。

（11）依次单击"文件"→"选项"→"自定义功能区"，在"开发工具"选项卡下新建组"AI 助手"，如图 7.58 所示。

（12）单击左侧的"从下列位置选择命令"下拉列表中选择"宏"命令，将列表中的 3 个宏命令添加至右侧"AI 助手"组下，并对 3 个命令进行重命名，如图 7.59 所示。

（13）单击"确定"按钮后，"开发工具"选项卡下将出现新创建的 3 个 AI 助手命令。

第 7 章　DeepSeek+

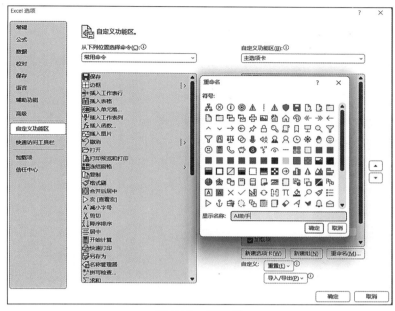

图 7.58　新建组

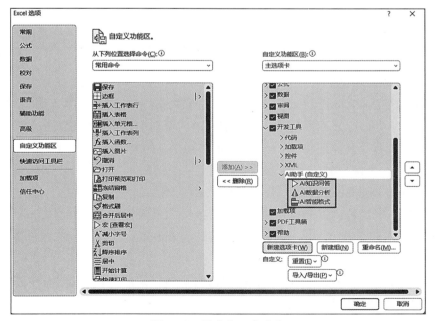

图 7.59　重命名三个命令

（14）对以上三个命令分别进行测试，提示词示例如下。

测试 AI 知识问答：

> 提问：结合已有销售数据，分析如何提升销售额。

测试 AI 数据分析：

> 1. 哪个产品的整体表现最好？考虑到单价、销量和利润率。
> 2. 分析产品的销售趋势并预测下月销售额。
> 3. 分析学生的成绩，找出成绩最好的前 5 名同学和偏科比较严重的一些同学。
> 4. 分析数据，评估每个员工的优势和需要改进的地方。

测试 AI 智能格式：

> 1. 将【范围】列中大于 100 的单元格背景设置为绿色。
> 2. 找到空白单元格，在单元格内写入"数据缺失"，并将其边框设置为红色。
> 3. 在 Excel 中，可以通过条件格式功能，将所有负数的单元格背景设置为红色，同时将所有正数的单元格背景设置为绿色。
> 4. 在最后一行后面新增一行，将每列的平均值写入其中。跳过文本单元格。

本书附赠的资料中包含测试文档，读者同样可以自行尝试 AI 功能。

7.4.4 DeepSeek+PPT

利用 DeepSeek 辅助 PPT 制作有两种方式。

第一种方式是像 Word 和 Excel 一样，在 PowerPoint 中集成 AI 助手工具，操作过程大同小异，此处不再赘述。在本书附赠的资料中，可以找到对应的代码文件。

第二种方式是使用第三方工具来辅助制作 PPT，如 Kimi、通义千问和 Gamma 等，这里我们以 Kimi 为例来进行说明。

（1）通过向 DeepSeek 提问，获取 PPT 大纲。例如，提问"以关于 AI 行业发展趋势为主题，写一份报告，以 PPT 方式展示，控制在 15 页以内。"，如图 7.60 所示。

（2）访问 Kimi 官网（https://kimi.moonshot.cn/kimiplus-square），选择首页的 PPT 助手，如图 7.61 所示。

（3）在与 PPT 助手的对话框中，输入指令"将以下内容制作为 PPT"，然后将 DeepSeek 制作的 PPT 大纲粘贴进去，单击"发送"按钮，Kimi 即会将你的大纲内容进行整理归纳。

第 7 章　DeepSeek+

康师傅
02/18 14:49

以关于AI行业发展趋势为主题，写一份报告，以ppt方式展示，控制在15页以内。

Tokens: 39

Pro/deepseek-ai/DeepSeek-R1
02/18 14:49

> 已深度思考（用时 53.5 秒）

以下是为"AI行业发展趋势"主题设计的15页内PPT报告框架及内容建议，结合宏观趋势、技术突破与行业应用，适合高效呈现：

PPT封面页

标题：2024-2030年全球人工智能（AI）行业发展趋势报告

副标题：技术革新·场景爆发·伦理重构

视觉元素：AI芯片、机器人、神经网络动态图，主配色（科技蓝+数据灰）。

图 7.60　向 DeepSeek 提问获取 PPT 大纲

图 7.61　PPT 助手

（4）整理归纳完成后，单击"一键生成PPT"按钮，如图7.62所示。

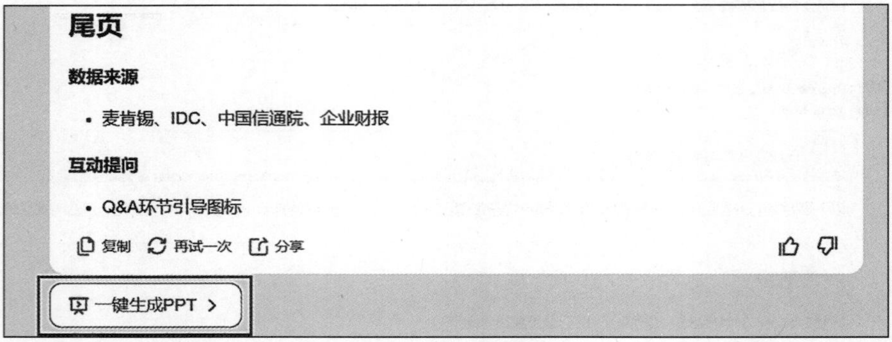

图 7.62　生成 PPT

（5）还可以为 PPT 选择模板场景和设计风格，如图 7.63 所示，然后单击"生成 PPT"按钮，即会开始 PPT 的制作。

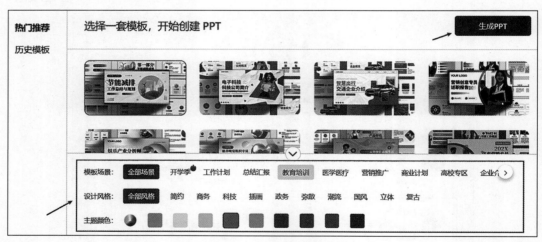

图 7.63　开始 PPT 的制作

（6）PPT 制作完成后，用户可以选择在线编辑，也可以选择下载后再编辑修改。

其他 PPT 生成工具的使用方法与 Kimi 大同小异。例如，先通过 DeepSeek 生成质量较高的 PPT 大纲，然后交给工具生成 PPT。通义千问和 Gamma 还支持根据用户上传的文档制作 PPT。其中，Gamma 是国外的 PPT 制作工具，在使用完平台赠送的积分后，用户需要进一步购买服务。

7.5　DeepSeek+ 翻译

支持集成 DeepSeek 的翻译平台有很多，本书推荐使用"沉浸式翻译"，如图 7.64 所示。

图 7.64　沉浸式翻译

（1）访问沉浸式翻译官网（https://immersivetranslate.com/zh-Hans/），选择合适的插件或 APP 进行下载。下载完成后，根据安装向导进行安装。

（2）安装完成后，可以选择翻译服务提供平台，如图 7.65 所示，选中 DeepSeek。在出现的页面中配置从 DeepSeek 官网获取的 API key，即可享受到 DeepSeek 的翻译服务。

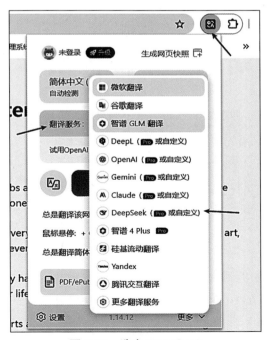

图 7.65　选中 DeepSeek

7.6 DeepSeek+通义听悟：一键生成音/视频文字纪要

设想如下两个场景。

场景1：阿华是中建某局的综合办秘书，每天要参与很多会议并做会议记录至少3次。每次会议后都需要花费大量时间整理纪要，既耗时又容易出错。他最大的愿望是有一款工具能在会后即时生成一份完整、准确的会议纪要。

场景2：李铭正在备考公务员，他报了很多在线课程，休息时间也经常刷各类大咖讲的笔试、面试技巧。遇到精彩的视频或音频，他最大的愿望就是怎么能快速提炼出核心内容，以文本方式呈现，以方便后续随时复习。

有没有一款软件可以快速生成音/视频的文字纪要呢？当然有，如Otter、通义听悟、飞书妙记等都可以实现上述功能。本节将以通义听悟为例介绍操作过程。

通义听悟是一款强大的语音转文字工具，官网首页如图7.66所示。将DeepSeek与通义听悟结合使用，可以做到将会议记录快速转为文字记录，并将文字稿提炼为会议纪要。

图7.66 通义听悟首页

（1）在召开会议时打开通义听悟App，确保会议中的所有发言都被记录下来。

（2）会议结束后，结束通义听悟的录音，系统会自动对录音进行文字整理，生成初步的会议纪要。

（3）为了获取更加精准且出色的会议纪要，可将通义听悟生成的文字版会议记录上传至 DeepSeek，并给出以下提示词：

> 提炼会议记录的重点内容，总结关键信息及待办事项，并以分点形式输出会议纪要。

（4）DeepSeek 完成会议纪要的整理后，用户仅需对内容进行简单的微调即可使用。

除了前面提过的 3 款 APP，腾讯会议、钉钉会议等平台同样具备上述功能，用户可自行探索使用。

第 8 章

DeepSeek 实战应用——开发一个简单的新闻发布平台

DeepSeek 不仅能帮助专业程序开发人员进行代码编写、调试、测试、部署、维护等工作，还能让不懂开发技术的普通人或仅有简单编程基础的"技术小白"，轻松开发一个简单的项目。

本章我们就以一个"技术小白"的身份，向 DeepSeek 步步提问，看它如何帮助我们开发一个简单的新闻发布平台。

8.1 项目功能规划

我们要开发的新闻发布平台，具备如下新闻发布最基本的 3 个功能。

（1）访问新闻主页，可展示已发布的新闻信息，如图 8.1 所示。

（2）在中间部位输入新闻的基本信息，如标题、分类、内容，单击"发布新闻"按钮，可以发布一条新闻，如图 8.2 所示。

（3）在最下方的新闻列表中，单击"删除"按钮，可删除一条新闻，如图 8.3 所示。

第 8 章　DeepSeek 实战应用——开发一个简单的新闻发布平台

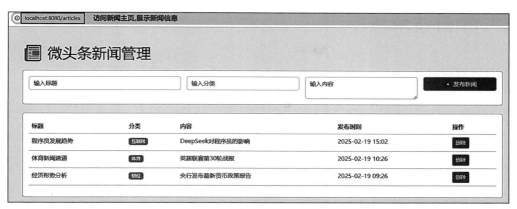

图 8.1　新闻主页

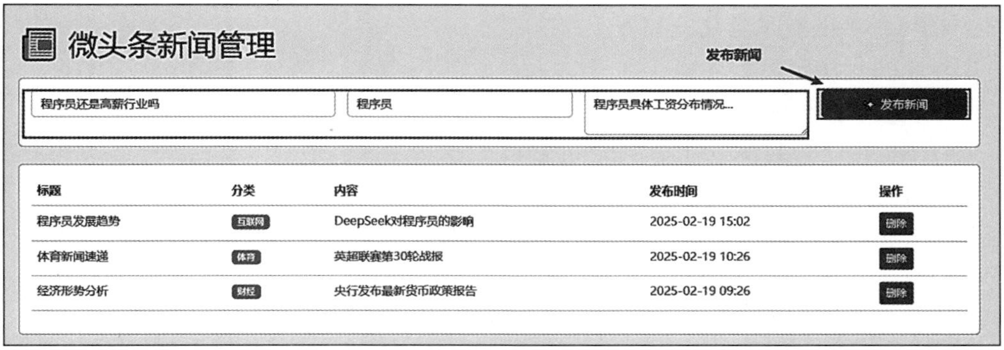

图 8.2　新闻管理

图 8.3　删除新闻

8.2 项目技术栈规划

在进行项目开发之前，先对可能用到的前端和后端技术栈进行梳理。

8.2.1 前端技术栈

初始前端技术包括 HTML、CSS、BootStrap 和 ES6。其功能如下。
（1）HTML 作为页面架构。
（2）CSS 负责美化页面。
（3）BootStrap 外部框架用于简化研发。
（4）ES6 作为基础 JS 语法。
后续可扩展的技术及功能如下。
（1）nodejs 用于运行环境。
（2）npm 用于项目依赖管理工具。
（3）vite 用于项目的创建脚手架工具。
（4）Vue3 作为项目数据的渲染框架。
（5）Axios 负责前后端数据的交互。
（6）Router 用于页面的跳转。
（7）Pinia 用于存储用户的数据。
（8）LocalStorage 作为用户校验 token 的存储手段。
（9）Element-Plus 提供组件。

8.2.2 后端技术栈

本项目主要使用的后端技术及功能如下。
（1）Java 作为开发语言。
（2）Tomcat 作为服务器，版本为 10。
（3）Mysql8 作为数据库。
（4）Servlet 作为数据控制层。
（5）JDBC 作为操作数据的主要方式。
（6）Druid 作为提供数据源的连接池。

（7）Lombok 作为实体类处理工具。

此外，还有以下可扩展的技术。

（1）MD5 作为数据的加密方式。

（2）Jwt 作为 token 的生成技术。

（3）Jackson 作为处理 JSON 的方式。

（4）Filter 用于用户登录校验和跨域处理。

8.3 DeepSeek 辅助项目开发

本节介绍"编程小白"如何跟着 DeepSeek 一步步操作，完成一个简单的新闻发布项目。

8.3.1 提出开发需求

DeepSeek 提示词如下：

> 我是一名编程小白，需要开发一个新闻类网站，名称：微头条，列出实现思路和主要功能，先不用编写代码。

DeepSeek 的响应结果如下。

> 以下是针对"微头条"新闻类网站的完整实现思路、功能规划及技术栈建议，分阶段为您梳理清晰的学习路线。
> ——————
> **一、实现思路（分阶段）**
> 第一阶段：基础功能快速验证
> 1. 核心架构搭建
>   - 学习 HTML/CSS/JavaScript 搭建简单静态页面（或使用 Vue.js 搭建单页应用）。
>   - 利用 Python 结合 Django 框架迅速构建后端 API 及高效的管理后台。
>   - 使用 SQLite 作为初始数据库（部署时换成 MySQL/PostgreSQL）。
> 2. 最小可行功能集
>   - 用户注册 / 登录（基于 Django 内置用户系统）。
>   - 发布新闻文章（标题 + 正文 + 分类）。
>   - 新闻列表展示（按时间倒序排列）。
>   - 响应式布局适配手机端（Bootstrap）。

第二阶段：核心功能完善
1. 互动功能开发
    - 评论系统（嵌套回复、点赞）。
    - 收藏与分享功能。
    - 用户个人中心（头像上传、历史记录）。
2. 内容深度管理
    - 实现多层次新闻分类体系，涵盖时政、科技、娱乐等多个领域。
    - 标签系统（# 热点、# 独家）。
    - 审核机制（敏感词过滤）。

第三阶段：进阶功能拓展
1. 个性化与智能推荐
    - 基于用户行为的简单推荐（如点击最多的新闻优先展示）。
    - "24 小时热榜"栏目（定时统计阅读量、互动量）。
2. 运营与安全增强
    - 后台数据统计面板（日活、新闻点击量）。
    - HTTPS 部署 + 密码加盐哈希存储。
    - 第三方登录（微信 / 微博快速登录）。

二、主要功能模块

模块	核心功能点
用户模块	注册 / 登录 / 第三方登录、个人主页、消息通知
新闻模块	发布 / 编辑 / 删除、多维度分类、富文本编辑器
互动模块	评论 / 回复 / 点赞、分享到社交平台、收藏夹管理
推荐系统	热门排行、个性化推荐、搜索关键词联想
管理后台	新闻审核、用户权限管理、数据统计报表

三、技术栈选择（新手友好型）

1. 前端技术
- 核心语言：HTML5/CSS3/JavaScript（必学基础）
- 框架选择：Vue 3（组合式 API 易上手）+ Vite 构建工具
- UI 库：Element Plus（组件丰富）或 Bootstrap 5（响应式布局）
- 进阶工具：Axios（HTTP 请求）、Vue Router（页面路由）

2. 后端技术
- 语言框架：Python + Django（自带 ORM 和 Admin 后台）
- 数据库：MySQL（生产环境）/ PostgreSQL（推荐）
- 接口规范：RESTful API 设计 + JWT 鉴权
- 辅助工具：Django REST Framework（快速构建 API）
3. 部署运维
- 服务器：阿里云 / 腾讯云轻量应用服务器（新用户优惠）
- 部署工具：Nginx（反向代理）+ Gunicorn（WSGI 服务）
- 监控备份：Supervisor（进程守护）、Crontab（定时任务）

四、学习路径建议

1. 基础速成（1～2 周）
   - 熟练掌握《Python 编程：从入门到实践》中的基础章节内容
   - 学习 Django 官方教程构建第一个博客应用
   - 跟随 Bootstrap/Vue 官方示例制作简单页面
2. 项目开发（1～2 个月）
   - 按阶段开发功能，推荐 GitHub 管理代码版本
   - 借助 Django Admin 工具，迅速构建高效的内容管理后台
   - 逐步接入 Element Plus 组件优化交互体验
3. 避坑指南
   - 优先考虑采用成熟的组件库，如推荐的富文本编辑器 TinyMCE
   - 开发初期禁用 DEBUG 模式避免安全漏洞
   - 使用 Postman 工具调试 API 接口

8.3.2 优化方案

阅读 8.3.1 节中得到的 DeepSeek 响应结果，根据自己掌握的技术栈，要求 DeepSeek 优化设计方案，并给出代码。

DeepSeek 提示词如下。

> 根据上述描述，请用代码实现"新闻模块"中"发布\编辑\删除"功能。要求
> 1. 后端使用 Java 语言。
> 2. 技术栈使用 JDK17+SpringBoot3.3.6+MySQL8.0+。
> 3. 代码设计力求简洁明了，确保初学者复制后能够直接运行。
> 4. 请在提交代码前确保其经过充分测试并能正常运行。

下面一起来看 DeepSeek 的响应结果。

以下是基于您要求可立即运行的 Spring Boot 新闻模块实现，附验证过的环境配置。

（1）项目结构。项目结构如图 8.4 所示。

```
news-system/
├── pom.xml
├── src/
│   ├── main/
│   │   ├── java/
│   │   │   └── com/
│   │   │       └── example/
│   │   │           └── news/
│   │   │               ├── NewsApplication.java
│   │   │               ├── config/
│   │   │               │   └── WebConfig.java
│   │   │               ├── controller/
│   │   │               │   └── ArticleController.java
│   │   │               ├── dto/
│   │   │               │   ├── ArticleRequest.java
│   │   │               │   └── ArticleResponse.java
│   │   │               ├── entity/
│   │   │               │   ├── Article.java
│   │   │               │   └── Comment.java
│   │   │               ├── repository/
│   │   │               │   ├── ArticleRepository.java
│   │   │               │   └── CommentRepository.java
│   │   │               └── service/
│   │   │                   ├── ArticleService.java
│   │   │                   └── impl/
│   │   │                       └── ArticleServiceImpl.java
│   │   └── resources/
│   │       ├── application.yml
│   │       ├── data.sql
│   │       └── static/
│   └── test/   # 含单元测试
```

图 8.4　项目结构

（2）pom.xml 核心配置文件代码如下。

```xml
<?xml version="1.0" encoding="UTF-8"?>
<project>
    <parent>
        <groupId>org.springframework.boot</groupId>
        <artifactId>spring-boot-starter-parent</artifactId>
        <version>3.3.6</version>
    </parent>

    <dependencies>
```

```xml
<dependency>
    <groupId>org.springframework.boot</groupId>
    <artifactId>spring-boot-starter-web</artifactId>
</dependency>
<dependency>
    <groupId>org.springframework.boot</groupId>
    <artifactId>spring-boot-starter-data-jpa</artifactId>
</dependency>
<dependency>
    <groupId>mysql</groupId>
    <artifactId>mysql-connector-java</artifactId>
    <version>8.0.33</version>
</dependency>
<dependency>
    <groupId>org.projectlombok</groupId>
    <artifactId>lombok</artifactId>
    <optional>true</optional>
</dependency>
    </dependencies>
</project>
```

（3）完整代码。

Article.java 文件的代码如下。

```java
@Entity
@Data
@NoArgsConstructor
@AllArgsConstructor
public class Article {
    @Id
    @GeneratedValue(strategy = GenerationType.IDENTITY)
    private Long id;

    @Column(nullable = false)
    private String title;

    @Column(columnDefinition = "TEXT")
```

```java
    private String content;

    private String category;
    private LocalDateTime createTime;
}
```

ArticleRepository.java 文件的代码如下。

```java
public interface ArticleRepository extends JpaRepository<Article, Long> {
}
```

ArticleController.java 文件的代码如下。

```java
@RestController
@RequestMapping("/api/articles")
@RequiredArgsConstructor
public class ArticleController {
private final ArticleRepository repository;

    // 获取全部
    @GetMapping
    public List<Article> getAll() {
        return repository.findAll(Sort.by(Sort.Direction.DESC, "createTime"));
    }

    // 新增文章
    @PostMapping
    public ResponseEntity<Article> create(@RequestBody Article article) {
     article.setCreateTime(LocalDateTime.now());
        return ResponseEntity.status(201).body(repository.save(article));
}

    // 更新文章
    @PutMapping("/{id}")
    public Article update(@PathVariable Long id, @RequestBody Article newArticle) {
        return repository.findById(id)
            .map(article -> {
```

```java
            article.setTitle(newArticle.getTitle());
            article.setContent(newArticle.getContent());
            article.setCategory(newArticle.getCategory());
            return repository.save(article);
        })
        .orElseThrow(() -> new ResponseStatusException(HttpStatus.NOT_FOUND));
}

// 删除文章
@DeleteMapping("/{id}")
public ResponseEntity<Void> delete(@PathVariable Long id) {
    repository.deleteById(id);
    return ResponseEntity.noContent().build();
}
}
```

application.properties 文件的代码如下。

```
server.port=8080

# 数据库配置
spring.datasource.url=jdbc:mysql://localhost:3306/micro_news?useSSL=false
spring.datasource.username=root
spring.datasource.password=your_password

# JPA 配置
spring.jpa.hibernate.ddl-auto=update
spring.jpa.show-sql=true
```

启动类 NewsApplication.java 文件的代码如下。

```java
import org.springframework.boot.SpringApplication;
import org.springframework.boot.autoconfigure.SpringBootApplication;

@SpringBootApplication
public class NewsApplication {
    public static void main(String[] args) {
```

```
        SpringApplication.run(NewsApplication.class, args);
    }
}
```

8.3.3 补充方案

若想运行使用 Spring Boot 和 JPA 框架的应用程序，还需要完整的数据库表结构，这些可以要求 DeepSeek 进行操作。

DeepSeek 提示词如下。

> 请补充 MySQL 数据库表结构，并准备测试数据。

一起来看 DeepSeek 的响应结果。

以下是完整的数据库结构及测试数据实现。

```sql
-- 创建数据库（使用 utf8mb4 字符集支持中文）
CREATE DATABASE IF NOT EXISTS `micro_news`
DEFAULT CHARACTER SET utf8mb4
COLLATE utf8mb4_unicode_ci;

USE `micro_news`;

-- 文章表结构
CREATE TABLE IF NOT EXISTS `article` (
    `id` BIGINT NOT NULL AUTO_INCREMENT COMMENT '主键 ID',
    `title` VARCHAR(100) NOT NULL COMMENT '文章标题',
    `content` TEXT NOT NULL COMMENT '内容详情',
    `category` VARCHAR(50) COMMENT '文章分类',
    `create_time` DATETIME NOT NULL COMMENT '创建时间',
    PRIMARY KEY (`id`)
) ENGINE=InnoDB DEFAULT CHARSET=utf8mb4;

-- 测试数据（包含日期格式化）
INSERT INTO `article` (`title`, `content`, `category`, `create_time`) VALUES
('Java 新版本发布', 'Java 21 正式推出虚拟线程特性', '编程', '2024-05-01 09:00:00'),
```

```
('人工智能峰会','2024全球AI技术大会在上海举行','科技','2024-05-02 14:30:00'),
('体育新闻速递','英超联赛第30轮战报','体育',NOW()),
('经济形势分析','央行发布最新货币政策报告','财经',DATE_SUB(NOW(), INTERVAL 1 HOUR));

-- 查询验证数据
SELECT * FROM `article` ORDER BY create_time DESC;
```

8.3.4 调试bug

将上述代码粘贴到IDEA中运行，运行后出现问题，要求DeepSeek进行分析和调试。DeepSeek提示词如下。

> 按照上述代码启动项目，测试结果如下，请给出解决方案：
> org.hibernate.exception.GenericJDBCException: unable to obtain isolated JDBC connection [Access denied for user 'root' @ 'localhost' (using password: YES)] [n/a] at org.hibernate.exception.internal.StandardSQLExceptionConverter.convert(StandardSQLExceptionConverter.java:63) ~[hibernate-core-6.5.3.Final.jar:6.5.3.Final] at org.hibernate.engine.jdbc.spi.SqlExceptionHelper.convert(SqlExceptionHelper.java:108) ~[hibernate-core-6.5.3.Final.jar:6.5.3.Final] at org.hibernate.engine.jdbc.spi.SqlExceptionHelper.convert(SqlExceptionHelper.java:94) ~[hibernate-core-6.5.3.Final.jar:6.5.3.Final] at org.hibernate.resource.transaction.backend.jdbc.internal.JdbcIsolationDelegate.delegateWork(JdbcIsolationDelegate.java:116) ~[hibernate-core-6.5.3.Final.jar:6.5.3.Final] at org.hibernate.engine.jdbc.env.internal.JdbcEnvironmentInitiator.getJdbcEnvironmentUsingJdbcMetadata(JdbcEnvironmentInitiator.java:292) ~[hibernate-core-6.5.3.Final.jar:6.5.3.Final] at org.hibernate.engine.jdbc.env.internal.JdbcEnvironmentInitiator.initiateService(JdbcEnvironmentInitiator.java:124) ~[hibernate-core-6.5.3.Final.jar:6.5.3.Final] at org.hibernate.engine.jdbc.env.internal.JdbcEnvironmentInitiator.initiateService(JdbcEnvironmentInitiator.java:78) ~[hibernate-core-6.5.3.Final.jar:6.5.3.Final] at org.hibernate.boot.registry.internal.StandardServiceRegistryImpl.initiateService(StandardServiceRegistryImpl.java:130) ~[hibernate-core-6.5.3.Final.jar:6.5.3.Final] at org.hibernate.service.internal.AbstractServiceRegistryImpl.createService(AbstractServiceRegistryImpl.java:263) ~[hibernate-core-6.5.3.Final.jar:6.5.3.Final] at org.hibernate.service.internal.AbstractServiceRegistryImpl.initializeService(AbstractServiceRegistryImpl.java:238) ~[hibernate-core-6.5.3.Final.jar:6.5.3.Final] at org.hibernate.service.internal.AbstractServiceRegistryImpl.getService(AbstractServiceRegistryImpl.java:215) ~[hibernate-core-6.5.3.Final.jar:6.5.3.Final] at org.hibernate.boot.model.relational.Database.<init>(Database.java:45) ~[hibernate-core-6.5.3.Final.jar:6.5.3.Final] at org.

hibernate.boot.internal.InFlightMetadataCollectorImpl.getDatabase(InFlightMetadataCollectorImpl.java:221) ~[hibernate-core-6.5.3.Final.jar:6.5.3.Final] at org.hibernate.boot.internal.InFlightMetadataCollectorImpl.<init>(InFlightMetadataCollectorImpl.java:189) ~[hibernate-core-6.5.3.Final.jar:6.5.3.Final] at org.hibernate.boot.model.process.spi.MetadataBuildingProcess.complete(MetadataBuildingProcess.java:171) ~[hibernate-core-6.5.3.Final.jar:6.5.3.Final] at org.hibernate.jpa.boot.internal.EntityManagerFactoryBuilderImpl.metadata(EntityManagerFactoryBuilderImpl.java:1431) ~[hibernate-core-6.5.3.Final.jar:6.5.3.Final] at org.hibernate.jpa.boot.internal.EntityManagerFactoryBuilderImpl.build(EntityManagerFactoryBuilderImpl.java:1502) ~[hibernate-core-6.5.3.Final.jar:6.5.3.Final]

本次提问 DeepSeek 的思考过程很有参考价值，展示如下。

好的，用户遇到了数据库连接问题，具体的错误信息是 "Access denied for user 'root' @'localhost' (using password: YES)"。这说明用户尝试使用 root 账户登录 MySQL 时被拒绝了。首先，我需要分析可能的几个原因，以便提供解决方案。

首先最常见的是配置文件的账户密码错误。用户提供的 application.properties 里配置的 username 和 password 是否正确？可能用户填写了错误的密码，或没有正确替换文档中的示例密码（比如 your_password）。

其次，检查 MySQL 的用户权限设置。可能 root 用户没有允许从 localhost 连接，或者用户的权限被更改过，比如可能需要使用密码插件或者其他认证方式。比如 MySQL 8.0 之后的版本默认使用 caching_sha2_password 插件，而旧版本的驱动可能不支持。需要确认用户是否更改过 root 的认证方式，或者驱动的兼容性。

另外，还要确认 MySQL 服务是否正在运行。有时虽然安装了 MySQL，但服务未启动，导致无法连接。用户可以检查 MySQL 服务状态。

另外，MySQL 的 root 用户可能被限制为只能通过特定方式连接。比如，可能不允许从 TCP/IP 连接，只允许 Socket 连接。或者防火墙是否阻止了 3306 端口的访问。

对于小白用户来说，可能没有设置或记错了密码。需要让用户验证是否使用正确的密码、是否有权限访问数据库。

针对上述可能性，解决方案分步骤：

1. 验证配置文件的用户名和密码是否正确，特别是密码是否与实际设置的 MySQL root 密码一致。提醒用户在 application.properties 中正确替换 your_password。

2. 检查 MySQL 的用户权限，确保 root@localhost 有访问权限。这可能需要用户登录 MySQL 并执行授权命令，或者检查用户的权限设置。例如，运行以下命令：
CREATE USER 'root'@'localhost' IDENTIFIED WITH mysql_native_password BY '你的密码';
GRANT ALL PRIVILEGES ON *.* TO 'root'@'localhost';
FLUSH PRIVILEGES;

这里特别是如果用户遇到认证插件的问题，使用 mysql_native_password 可能会解决。因为有些旧版本的驱动可能不支持默认的 caching_sha2_password。

3. 测试连接是否正常。可以建议用户使用命令行或可视化工具使用相同的用户名密码连接 MySQL，验证是否可以连接成功。

4. 检查 MySQL 服务是否运行，使用类似 sudo systemctl status mysql 的命令（依赖操作系统）。

5. 如果用户密码确实正确，但仍然拒绝访问，可能需要重置 root 密码。需要给用户指导如何重置 MySQL 的 root 密码，这可能涉及停止服务、使用安全模式启动、更新密码等步骤。

6. 确认 MySQL 是否是监听本地端口 3306，并且没有防火墙阻止。可以检查 my.cnf 配置文件中的 bind-address 是否为 127.0.0.1 或 0.0.0.0。

7. 检查数据库是否存在，名称是否正确。代码中的数据库名称是 weheadline，但用户可能没有正确创建该数据库，或者权限仅适用于其他数据库。或者配置文件中的连接 URL 是否正确，是否正确的库名。对于小白用户，最可能的错误是配置文件中的密码错误或者 MySQL 的 root 密码未正确配置。因此，首先引导用户确认密码是否正确，包括可能的空格或特殊字符是否需要转义。接下来，检查权限和认证方式。当用户在本地开发环境中，可能需要使用更简单的认证插件，比如 mysql_native_password。用户可能不知道 MySQL 8 默认使用的插件，因此需要指导他们如何修改用户的认证方式或者升级驱动。

另外，确保用户已经创建了 weheadline 数据库，并且授权 root 用户访问该数据库。用户可能在执行建表语句时有问题，或者数据库没有创建成功。

在回答时需要分步骤，给出明确的命令行操作，以便用户逐步排查。可能还要提醒用户注意 password 中特殊字符是否需要转义，比如在 URL 中使用 % 字符编码。但一般来说 application.properties 里可以直接写密码，但如果密码中有特殊符号如 &，可能需要 URL 编码。

最后，补充建议使用测试用户而非 root 用户，以增强安全性。但对于小白来说，可能更倾向于使用 root 简化流程，所以这个建议放在后面的可选步骤。

总的来说，回答需要结构清晰，逐步引导用户检查各个可能的故障点，并给出解决步骤。同时，用简明易懂的语言，避免技术术语过于复杂，适合小白的操作水平。

DeepSeek 的响应结果如下。
以下是如何逐步排查解决数据库连接问题的详细方案：

一、错误原因定位

错误信息表明数据库连接被拒绝，可能由以下几个原因引起：

Access denied for user 'root' @ 'localhost' (using password: YES)

二、解决方案

1. 数据库密码验证（最常见问题）

数据库密码验证步骤如下。

（1）打开 application.properties 文件。

（2）检查以下三处配置是否正确（注意大小写敏感）。

```properties
<PROPERTIES>
spring.datasource.username=root    # MySQL 实际用户名
spring.datasource.password=your_ 真实密码 # 注意不要保留 "your_password" 占位符
spring.datasource.url=jdbc:mysql://localhost:3306/weheadline...
```

（3）验证密码正确性，在终端执行（替换 your_real_password）：

```bash
<BASH>
mysql –u root –p
Enter password: your_real_password # 尝试输入应用中配置的密码
```

2. 用户权限修复（适用于密码正确但仍拒绝访问）

（1）如果已有权限，请以 root 身份登录 MySQL。代码如下。

```bash
<BASH>
sudo mysql –u root # 可能无需密码登录（视安装方式而定）
```

（2）修正用户权限。代码如下：

```sql
<SQL>
-- 查看用户权限
SELECT host, user, plugin FROM mysql.user WHERE user='root';

-- 如果显示 caching_sha2_password 插件引发问题
ALTER USER 'root' @ 'localhost' IDENTIFIED WITH mysql_native_password BY '你的新密码';
```

-- 刷新权限
FLUSH PRIVILEGES;

3. 数据库连接测试

（1）创建测试用户（推荐）。代码如下。

```SQL
CREATE USER 'weheadline_user' @ 'localhost' IDENTIFIED BY 'test123';
GRANT ALL PRIVILEGES ON weheadline.* TO 'weheadline_user' @ 'localhost';
FLUSH PRIVILEGES;
```

（2）修改 application.properties 使用新用户。代码如下：

```PROPERTIES
spring.datasource.username=weheadline_user
spring.datasource.password=test123
```

4. 数据库服务状态检查

执行以下命令，确认 MySQL 数据库是否已正常运行。

```BASH
# Linux 系统
systemctl status mysql

# MacOS
brew services list | grep mysql
```

重启服务（若处于停止状态）：

```BASH
sudo service mysql restart
```

5. 特殊密码处理

如果密码包含特殊符号（如 @, #, !），需进行 URL 编码。"@"应编码为 %40，"#"应编码为 %23，"!"应编码为 %21。示例如下。

```properties
<PROPERTIES>
# 原密码为 Root@123#
spring.datasource.password=Root%40123%23
```

6. 最终配置校验

正确完整的配置示例如下。

```properties
<PROPERTIES>
# 使用更稳定的 MySQL 连接参数
spring.datasource.url=jdbc:mysql://localhost:3306/weheadline?characterEncoding=utf8&useSSL=false&serverTimezone=Asia/Shanghai&allowPublicKeyRetrieval=true
```

7. 验证问题是否解决

重启 Spring Boot 应用后，观察控制台日志，出现如下提示。

```
Hibernate: drop table if exists news...
Hibernate: create table news...
```

8. 仍无法解决的备用方案

使用本地 H2 数据库临时替代。

（1）修改 pom.xml 如下。

```xml
<XML>
<dependency>
    <groupId>com.h2database</groupId>
    <artifactId>h2</artifactId>
    <scope>runtime</scope>
</dependency>
```

（2）修改 application.properties 如下。

```properties
<PROPERTIES>
spring.datasource.url=jdbc:h2:mem:testdb
spring.datasource.driver-class-name=org.h2.Driver
spring.h2.console.enabled=true
```

按照以下步骤顺序操作,每完成一步后尝试重启应用以验证效果。若在执行过程中遇到具体错误,请提供完整的操作步骤截图,以便进行进一步的分析和指导。

8.3.5 前端页面设计及测试

DeepSeek 提示词如下。

> 为本微头条项目添加页面显示代码,先给出页面展示数据的具体方案,再给出最终代码。

以下是针对微头条项目添加页面展示的详细分步方案,采用最简化的 Thymeleaf 模板实现这一目标,步骤如下。

第一步:添加 Thymeleaf 依赖。

```xml
<!-- 在 pom.xml 中添加 -->
<dependency>
    <groupId>org.springframework.boot</groupId>
    <artifactId>spring-boot-starter-thymeleaf</artifactId>
</dependency>
```

第二步:创建页面模板。

```html
<!-- src/main/resources/templates/articles.html -->
<!DOCTYPE html>
<html xmlns:th="http://www.thymeleaf.org">
<head>
    <meta charset="UTF-8">
    <title> 微头条资讯 </title>
    <link href="https://cdn.bootcdn.net/ajax/libs/twitter-bootstrap/5.3.0/css/bootstrap.min.css" rel="stylesheet">
</head>
<body class="bg-light">
<div class="container mt-5">
    <h1 class="mb-4">📰 微头条新闻管理 </h1>

    <!-- 新增表单 -->
    <div class="card mb-4">
        <div class="card-body">
```

```html
<form th:action="@{/articles}" method="post">
    <div class="row g-3">
        <div class="col-md-4" >
            <input type="text" class="form-control" name="title"
                placeholder=" 输入标题 " required>
        </div>
        <div class="col-md-3">
            <input type="text" class="form-control" name="category"
                placeholder=" 输入分类 ">
        </div>
        <div class="col-md-3">
            <textarea class="form-control" name="content"
                    placeholder=" 输入内容 "></textarea>
        </div>
        <div class="col-md-2">
            <button type="submit" class="btn btn-primary w-100">
                ✦ 发布新闻
            </button>
        </div>
    </div>
</form>
</div>
</div>
<!-- 数据展示 -->
<div class="card">
    <div class="card-body">
        <table class="table table-hover">
            <thead>
                <tr>
                    <th> 标题 </th>
                    <th> 分类 </th>
                    <th> 内容 </th>
                    <th> 发布时间 </th>
                    <th> 操作 </th>
                </tr>
```

```html
            </thead>
            <tbody>
                <tr th:each="article : ${articles}">
                    <td th:text="${article.title}"></td>
                    <td>
                        <span class="badge bg-info" th:text="${article.category}"> 默认分类 </span>
                    </td>
                    <td th:text="${article.content}"></td>
                    <td th:text="${#temporals.format(article.createTime, 'yyyy-MM-dd HH:mm')}"></td>
                    <td>
                        <a th:href="@{/articles/delete/{id}(id=${article.id})}"
                            class="btn btn-danger btn-sm"> 删除 </a>
                    </td>
                </tr>
            </tbody>
        </table>
    </div>
  </div>
 </div>
 </body>
</html>
```

第三步：扩展控制器。

```java
@Controller
@RequestMapping("/articles")
@RequiredArgsConstructor
public class ArticleController {
    private final ArticleRepository repository;

    @GetMapping
    public String showArticles(Model model) {
        model.addAttribute("articles",
            repository.findAll(Sort.by(Sort.Direction.DESC, "createTime")));
```

```java
        return "articles";
    }

    @PostMapping
    public String createArticle(@ModelAttribute Article article) {
        article.setCreateTime(LocalDateTime.now());
        repository.save(article);
        return "redirect:/articles";
    }

    @GetMapping("/delete/{id}")
    public String deleteArticle(@PathVariable Long id) {
        repository.deleteById(id);
        return "redirect:/articles";
    }
}
```

第四步：页面样式优化。

```css
/* 卡片阴影效果 */
.card {
    box-shadow: 0 0.5rem 1rem rgba(0, 0, 0, 0.15);
    border-radius: 1rem;
}
/* 表格行悬停效果 */
.table-hover tbody tr:hover {
    background-color: rgba(0, 123, 255, 0.05);
}
/* 操作按钮间距 */
.btn-sm {
    margin: 2px;
}
```

第五步：最终效果验证，步骤如下。

（1）启动应用后访问 http://localhost:8080/articles。

（2）观察响应式布局：①桌面端：表单元素横向排列。②移动端：表单元素自动垂直排列。

（3）安全提示如下。

```
# 生产环境需添加
# 开发时关闭模板缓存
spring.thymeleaf.cache=false
```

8.3.6 调试 bug

DeepSeek 提示词如下。

> 上述页面直接运行会报错如下信息，请分析报错原因并给出解决方案：
> 2025-02-19T14:50:22.080+08:00 ERROR 2172 --- [nio-8080-exec-1] org.thymeleaf.TemplateEngine : THYMELEAF Exception processing template "articles": Error resolving template [articles], template might not exist or might not be accessible by any of the configured Template Resolvers
> 2025-02-19T14:50:22.084+08:00 ERROR 2172 --- [nio-8080-exec-1] o.a.c.c.C.[.[./].[dispatcherServlet] : Servlet.service() for servlet [dispatcherServlet] in context with path [] threw exception [Request processing failed: org.thymeleaf.exceptions.TemplateInputException: Error resolving template [articles], template might not exist or might not be accessible by any of the configured Template Resolvers] with root cause.

以下是解决 Thymeleaf 模板解析问题的分步排查方案。

1. 失败原因

模板解析失败的直接原因如下。

（1）模板文件缺失或路径错误。

（2）Thymeleaf 依赖未正确加载。

（3）视图控制器配置问题。

（4）IDE 未正确同步资源文件。

2. 解决方案步骤

第一步：检查模板文件结构。

确认以下目录结构正确无误。

```
src/
└── main/
    └── resources/
        ├── templates/
        │   └── articles.html # 文件必须存在且命名准确
        └── application.properties
```

常见问题：文件命名常见的错误形式：acticles.html（拼写错误）、article.html（单数）、articles.htm（错误后缀）

第二步：验证 Thymeleaf 依赖。

确认 pom.xml 中存在以下依赖并已重新构建。

```XML
<dependency>
  <groupId>org.springframework.boot</groupId>
  <artifactId>spring-boot-starter-thymeleaf</artifactId>
</dependency>
```

执行重新构建命令如下。

```BASH
mvn clean package
```

第三步：检查控制器配置。

修正控制器的基础配置如下。

```JAVA
// 必须使用 @Controller 而非 @RestController
@Controller
@RequestMapping("/articles")
public class ArticleController {

    @GetMapping // 确保映射路径与方法匹配
    public String showArticles(Model model) {
        // ... 逻辑保持不变 ...
```

```
        return "articles"; // 必须与模板文件名严格一致（不包含扩展名）
    }
}
```

第四步：增加调试日志。

在 application.properties 中添加配置确认模板解析器状态。

```properties
# 开启 Thymeleaf 调试模式
spring.thymeleaf.cache=false
logging.level.org.thymeleaf=DEBUG

# 检查模板解析路径
spring.thymeleaf.check-template-location=true
```

启动时观察控制台，提示如下。

```
DEBUG TemplateResolver[THYMELEAF] - Template resolved: articles
```

第五步：检查构建结果。

验证编译后的 jar 包是否包含模板，代码如下。

```bash
jar tf target/micro-headlines-0.0.1-SNAPSHOT.jar | grep 'templates/articles.html'
应有输出：BOOT-INF/classes/templates/articles.html
```

扩展验证测试如下。

```java
// 在单元测试中验证视图解析能力
@SpringBootTest
class TemplateLoadingTest {

    @Autowired
    private TemplateEngine templateEngine;
```

```
@Test
void shouldLoadTemplate() {
    // 如果无法解析会抛出异常
    assertDoesNotThrow(() ->
        templateEngine.process("articles", new Context())
    );
}
```

通过以上步骤定位具体原因后,最可能的解决方案如下。

(1)确保模板文件物理存在。通过文件资源管理器直接检查 target/classes/templates 目录是否存在 articles.html。

(2)修复控制器注解冲突。移除其他可能导致冲突的 @RestController 注解。

(3)使用 IDE 强制刷新。① IntelliJ:右击 resources 目录,选择 Reload from Disk。② Eclipse: 右击项目,选择 Refresh。

8.4 项目测试

项目全部完成后,需要进行测试。

8.4.1 API Post 测试

(1)找到启动类,单击类左侧的运行按钮,启动服务器,如图 8.5 所示,等待服务器启动成功。

(2)测试查询新闻功能。打开 PostMan 测试工具,选择 GET 命令,地址栏输入如图 8.6 所示,单击"发送"按钮。

(3)测试添加新闻功能。在 PostMan 工具中,选择 POST 命令,地址栏输入如图 8.7 所示,选择自动生成 Body ?,单击"发送"按钮,观察响应窗口。

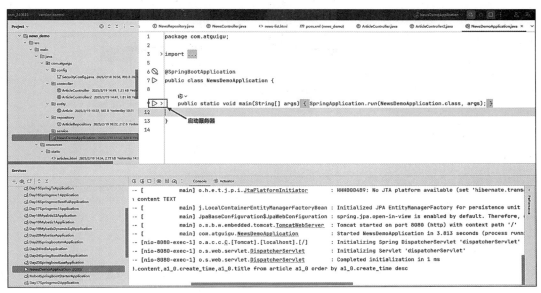

图 8.5　服务器启动

图 8.6　PostMan 测试工具

图 8.7　POST 请求

（4）测试修改新闻功能。在 PostMan 工具中，选择 PUT 命令，地址栏输入如图 8.8 所示，选择自动生成 Body？，单击"发送"按钮，观察响应窗口。

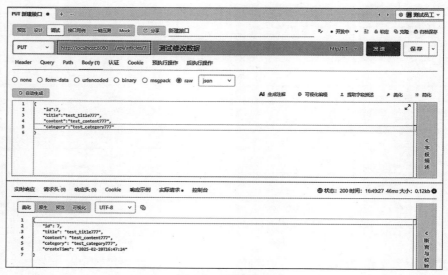

图 8.8　PUT 请求

（5）测试删除新闻功能。在 PostMan 工具中，选择 DELETE 命令，地址栏输入如图 8.9 所示，单击"发送"按钮，观察响应窗口。

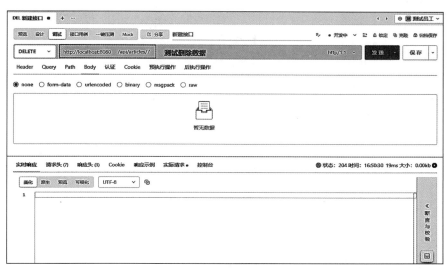

图 8.9　DELETE 请求

8.4.2　页面测试

（1）测试查询新闻功能。打开浏览器，并在地址栏中输入相应的测试地址（如图 8.10 所示）。

图 8.10　测试地址

（2）测试发布新闻功能。在页面的文本框中输入内容，单击"发布新闻"按钮，如图 8.11 所示。

图 8.11　发布新闻

（3）测试删除新闻功能。单击"删除"按钮，如图 8.12 所示。

图 8.12　删除

8.5　项目后续扩展

项目完成后，还可以利用 DeepSeek 对项目进行功能的扩展。下面来看 DeepSeek 给出的用户模块、互动模块、推荐系统以及管理后台的功能扩展建议。

1. 用户模块功能扩展

使用的提示词如下。

> 请问用户模块的实现思路、主要功能和注意点有哪些呢？需要设计的代码的架构如何？暂时不需要提供详细代码实现。

DeepSeek 的响应结果如下。

以下是用户模块的简明技术方案，按照您的要求不展示具体代码：
———
一、实现思路与核心功能
用户账户体系
1. ** 基础认证 **
    - 手机号/邮箱注册（验证码校验）
    - BCrypt 加密存储密码
    - JWT 令牌鉴权体系
2. ** 第三方登录扩展 **
    - OAuth2 协议对接微信/QQ/微博
    - 联合账户系统设计（确保用户唯一性，避免重复注册）

个人主页体系
1. ** 信息维度 **
    - 基础资料（昵称/头像/签名）
    - 动态统计（发帖量/粉丝数）
    - 隐私设置（控制手机号可见性）
2. ** 交互设计 **
    - 头像裁剪上传（CDN 存储方案）
    - 主页访问记录埋点（用于安全审计）

消息通知系统
1. ** 触发场景 **
    - 互动类：评论/点赞/粉丝关注
    - 系统类：审核结果/安全提醒
2. ** 传送机制 **
    - 即时推送：WebSocket 短链接
    - 异步处理：消息队列削峰填谷

——

二、架构分层设计是一种软件架构设计方法，它通过将系统划分为多个层次，每个层次都具有特定的功能和责任。分层设计的主要好处包括提高模块化、可维护性、可重用性、灵活性、分工明确、可测试性和安全性。

```markdown
—— user-module/
    ├── web/                        # 控制器层
    │   ├── UserController          # 用户信息管理
    │   └── OAuthController         # 三方授权回调
    │
    ├── service/                    # 业务逻辑层
    │   ├── core/                   # 用户增删改查
    │   ├── auth/                   # 认证流程控制
    │   └── notify/                 # 消息服务抽象
    │
    ├── domain/                     # 领域模型层
    │   ├── User.java               # 用户核心实体
    │   ├── SocialAccount.java      # 三方账户聚合
    │   └── Notification.java       # 消息模板定义
    │
    ├── infrastructure/             # 基础设施
    │   ├── repository/             # 持久化接口
    │   ├── cache/                  # 用户会话缓存
    │   └── client/                 # 三方服务 SDG 封装
```

三、关键技术选型

模块	推荐方案	替代方案
安全框架	Spring Security + JWT	Apache Shiro
三方登录	JustAuth 组件（国产化集成）	Spring Social
消息队列	RabbitMQ（事务消息保障）	Kafka（高吞吐场景）
实时推送	WebSocket + STOMP 协议	SSE（服务端推送事件）
文件存储	阿里云 OSS（自动生成缩略图）	MinIO 自建存储

四、风险防控要点
1. ** 账号安全 **

- 密码强度策略（禁止弱密码注册）
- 异地登录检测（IP 地址突变告警）
- 敏感操作二次验证（修改手机/密码）
2. ** 数据防护 **
- 账号隐私字段加密（手机号 AES 加密）
- 接口防刷机制（验证码频率限制）
- SQL 注入过滤（MyBatis 参数化查询）
3. ** 审计追踪 **
- 关键操作日志入库
- 消息通知可追溯（保留原始内容快照）

五、扩展性设计
1. ** 插件化架构 **
- 通过 SPI 机制支持快速接入新三方平台
- 消息通道策略模式（支持邮件/短信/站内信多种通道）
2. ** 灰度发布设计 **
- 用户分组策略标（AB 实验用户标记）
- 新功能可按用户等级分批开放
3. ** 数据迁移方案 **
- 设计 User Version 字段（兼容旧数据变更）
- 采用双写机制实现平滑升级

六、性能优化策略
** 高频场景处理方案 **
- 用户信息查询：Guava Cache → Redis，多级缓存
- 粉丝列表加载：游标分页 + 布隆过滤器，防遍历
- 消息批量发送：本地聚合 + 批量 DB 写入
** 关键 SQL 示例 **
```sql
-- 使用覆盖索引优化头像修改
UPDATE user
SET avatar_url=?
WHERE id=?  -- 主键索引直接定位
-- 热点用户分页查询（避免深度翻页）
SELECT * FROM user
WHERE status='ACTIVE' AND id > ?
```

```
ORDER BY id ASC
LIMIT 20
```

通过这种架构设计，可在保障安全性的同时支撑百万级用户量，各层之间的解耦设计也为后续功能迭代留有足够扩展空间。

2. 互动模块功能扩展

使用的提示词如下。

请问互动模块的实现思路、主要功能和注意点有哪些呢？需要设计的代码的架构如何？暂时不需要提供详细代码实现。

DeepSeek 的响应结果如下。

以下是互动模块的技术实现方案，基于社交平台高并发场景设计，采用分层架构和事件驱动模式。分层架构设计通常包括表现层 (UI)、业务逻辑层 (BLL)、数据访问层 (DAL)，以及更细的分层如数据访问层接口 (IDAL)、数据实体 (Model) 和工厂 (Factory)。事件驱动模式则涉及事件源、事件对象、事件处理器和监听器，通过观察者模式或发布－订阅模式实现组件间的事件交互，从而降低系统耦合度，提高可扩展性和灵活性。

一、核心功能模块设计
1. 互动维度体系

互动类型	功能描述	数据特征
点赞	支持内容/评论多级点赞	高频写入、最终一致性
评论	树形结构嵌套回复	读多写少、深度分页
收藏	内容聚合管理	持久化存储、个性化展现
分享	生成追踪短链接	埋点分析、病毒传播统计
关注	单向/双向关系维护	图关系存储、实时推荐

2. 消息通知流程
- **事件发布**：互动动作触发领域事件
- **处理流程**：
  （1）实时计数更新（Redis 缓存）
  （2）写入持久化存储（MySQL Binlog 同步）
  （3）推送即时通知（WebSocket 广播）

（4）异步生成动态流（写入用户 Feed 队列）

二、分层架构设计

1. 代码结构规划

```markdown
interaction/
├── web/                        # 接口层
│   ├── LikeController          # 点赞相关 API
│   └── CommentController       # 评论管理 API
│
├── service/                    # 业务逻辑层
│   ├── interact/               # 互动行为校验
│   ├── counter/                # 计数聚合服务
│   └── feed/                   # 动态流生成
│
├── domain/                     # 领域模型
│   ├── Interaction.java        # 互动行为基类
│   ├── LikeEvent.java          # 点赞事件实体
│   └── CommentTree.java        # 评论树结构
│
├── infrastructure/             # 基础设施
│   ├── cache/                  # 计数缓存实现
│   ├── mq/                     # 消息队列生产端
│   └── search/                 # 评论检索优化
```

2. 存储方案设计

```sql
-- 点赞关系表（Redis ZSET 补充）
CREATE TABLE user_like (
    id BIGINT PRIMARY KEY,
    user_id BIGINT,              -- 触发用户
    target_id BIGINT,            -- 内容/评论 ID
    type TINYINT,                -- 1: 内容 2: 评论
    create_time DATETIME
) COMMENT '使用分库分表策略';
-- 评论表（Nested Set 模型）
```

```
CREATE TABLE comment (
    id BIGINT PRIMARY KEY,
    content TEXT,
    left INT,                -- 左边界
    right INT,               -- 右边界
    depth INT,               -- 层级深度
    root_id BIGINT           -- 根评论 ID
) ENGINE=InnoDB DEFAULT CHARSET=utf8mb4;
-- 用户关注图谱（Neo4j 补充）
CREATE TABLE follow_relation (
    follower_id BIGINT,
    followee_id BIGINT,
    relation_type ENUM('SINGLE', 'MUTUAL'),
    PRIMARY KEY (follower_id, followee_id)
);
```

三、关键设计要点

1. 高性能计数器

- **分级存储策略**：
  - 第一层：Local Cache（Guava → 应对瞬时高峰）
  - 第二层：Redis Cluster（HyperLogLog 统计 UV）
  - 第三层：MySQL + 定期同步
- **合并写入优化**：

```plaintext
客户端 → API 网关 → 滑动窗口聚合 → 批量写入
```

2. 评论系统设计

- **存储模型选择**：

模型	适用场景	缺点
Adjacency List	简单结构快速写入	递归查询性能差
Nested Set	高效查询子树	写操作复杂度高
物化路径	平衡读写性能	存储空间占用较大

- **反垃圾过滤**：
  - 敏感词 DFA 算法过滤

- 用户行为分析模型（频率/内容特征）

四、风险控制机制
1. 并发场景应对
- **重复操作**：分布式锁（Redis SETNX）防重
- **数据一致性**：消息队列重试 + 定期对账
- **热点击穿**：本地缓存标记无效请求
2. 安全防护
- **XSS 防御**：
  （1）前端输入过滤（DOMPurify）
  （2）后端转义存储（Jackson HTML Escape）
- **权限校验**：
  ```java
  // 示例伪代码
  void deleteComment(Long commentId, Long currentUserId) {
      Comment comment = repo.findById(commentId);
      if(comment.getUserId() != currentUserId) {
          throw new PermissionDeniedException();
      }
      // 执行删除 ...
  }
  ```

五、扩展性设计
1. 插件化互动类型
```mermaid
classDiagram
    class Interaction {
        +validate(): boolean
        +execute(): void
    }
    class LikeAction {
        +checkDailyLimit()
    }
    class CollectAction {
        +checkCapacity()
```

```
            }
            Interaction <|-- LikeAction
            Interaction <|-- CollectAction
```

2. 动态流扩展
- ** 推拉结合模式 **：
  - 大 V 用户使用 ** 推模式 **：发帖时写入粉丝收件箱
  - 普通用户使用 ** 拉模式 **：访问时合并关注列表动态
- ** 冷热分离 **：
  - 近 3 天数据：Redis Sorted Set
  - 历史数据：Elasticsearch 分片存储

通过该方案可支撑千万级日活互动场景，建议配合 Hystrix 实现服务熔断，使用 SkyWalking 进行链路监控，核心接口响应时间控制在 50ms 以内。

3. 推荐系统功能扩展

使用的提示词如下。

在设计推荐系统模块时，首先需要明确核心问题，即如何实现个性化推荐和向用户推荐匹配度高的产品。推荐系统的设计应考虑用户模型的建立，深入挖掘用户行为和偏好，以及数据处理和分析的重要性。推荐算法的选择是核心，包括基于用户行为数据、项目内容数据、社交网络数据等多种类型。架构设计上，推荐系统通常采用分布式架构，包括应用层、数据存储层和算法层等，以确保系统的性能、扩展性、可靠性和可维护性。技术栈的选择也至关重要，涉及数据库技术、机器学习和深度学习技术等。

DeepSeek 的响应结果如下。

以下是推荐系统模块的架构设计与实现方案，针对千万级用户规模的场景设计：

一、核心功能矩阵

维度	实现要点
** 召回策略 **	多路召回机制（协同过滤 / 内容相似 / 热点降权）
** 排序模型 **	在深度学习推荐系统中，特征工程是基础，深度学习 CTR 预估是核心，而多目标优化（点击 / 时长 / 转化）则是提升模型性能的关键。例如，多任务

多目标学习在CTR预估领域已成为主流建模方式，它通过联合训练多个目标（如点击率和转化率）

来提升模型的综合性能。|
** 过滤层 **	去重规则 → 时效性过滤 → 用户黑名单排除
** 解释系统 **	可解释性标签生成（"猜你喜欢"、"相似用户在看"）
** 实验平台 **	通过 A/B 测试框架进行实验设计，通过指标埋点收集用户行为数据，最后通过效果看板展示关键指标如点击率(CTR)和用户留存率，以评估实验效果。

二、系统架构设计

```markdown
recommend-system/
├── online-service/                # 在线服务
│   ├── api-gateway                # 请求路由（gRPC/HTTP）
│   ├── recall-engine              # 多路召回执行器
│   └── rank-service               # 实时特征拼接与排序
│
├── offline-process/               # 离线计算
│   ├── feature-engineering        # 用户/物品特征生产
│   ├── model-training             # 训练管道（TensorFlow/PyTorch）
│   └── eval-metrics               # 离线评估（AUC/NDCG）
│
├── real-time-stream/              # 实时处理
│   ├── flink-jobs                 # 用户行为流处理
│   ├── feature-store              # 实时特征库（Redis）
│   └── model-serving              # 在线模型推理（TFX）
│
├── data-lake/                     # 数据层
│   ├── user-profiles              # 用户画像 HBase 表
│   ├── item-vectors               # 物品嵌入向量
│   └── interaction-logs           # 用户行为日志
```

三、关键技术实现

1. 推荐流水线优化

（1）** 召回阶段 **：1000+ 候选集生成
 - 基于用户实时行为的 Session 召回
 - 长期兴趣的 Embedding 检索（FAISS）

（2）** 粗排阶段 **：LightGBM 快速初筛

（3）**精排阶段**：DeepFM 模型预估
（4）**重排阶段**：业务规则打散（多样性控制）

2. 特征系统建设

```sql
-- 实时特征表示例
CREATE TABLE user_behavior_features (
    user_id BIGINT PRIMARY KEY,
    last_7d_click_cnt INT,              -- 7日点击总数
    prefer_category JSON,               -- 偏好类目分布
    active_level TINYINT,               -- 活跃度分级
    update_time TIMESTAMP               -- 特征更新时间
) ENGINE=Redis;

-- 离线特征示例
CREATE TABLE item_content_features (
    item_id BIGINT,
    tags VARCHAR(256),                  -- 人工标注标签
    text_embedding BLOB,                -- 文本向量
    image_embedding BLOB,               -- 图片向量
    PRIMARY KEY(item_id)
) STORED AS PARQUET;
```

四、关键挑战与应对

1. 冷启动困境
- **用户冷启动**：
  - 引导用户选择偏好标签
  - 融合设备信息/LBS 位置做泛化推荐
- **物品冷启动**：
  - 使用内容相似度进行填补
  - 加权曝光提升学习速度

2. 数据稀疏性
- **跨域迁移学习**：复用其他场景的用户表征
- **图神经网络**：构建用户 – 物品异构图

3. 工程化瓶颈
- **特征拼接延迟**：
  - 使用 Alluxio 构建内存特征缓存

- 异步并行获取特征
- ** 模型更新时效 **：
  - 小时级增量训练 → 天级全量更新
  - 在线学习（Flink 实时训练）

五、架构设计原则
1. ** 扩展性原则 **
   - 召回策略插件化（支持动态加载）
   - 特征抽取 SDK 标准化（方便新增特征）
2. ** 降级策略 **
   ```mermaid
   graph LR
   A[正常推荐流] -->|异常检测| B{服务状态}
   B -->|Redis 故障| C[返回缓存热门推荐]
   B -->|模型服务超时| D[降级到逻辑回归模型]
   B -->|全部不可用| E[返回编辑精选列表]
   ```
3. ** 监控体系 **：
   - 接口 QPS/延迟监控（Prometheus）
   - 特征覆盖率报警（数据质量检测）
   - 推荐结果多样性看板（类目分布统计）

该架构可支撑 5 万 + QPS 推荐请求，平均响应时间控制在 80ms 以内，配合自动扩缩容机制可应对流量波动。建议在召回阶段采用多级缓存设计，排序阶段使用异构计算加速（GPU/TPU），线上服务需建立完善的特征回捞机制保障数据一致性。

4. 管理后台功能扩展

使用的提示词如下。

> 请问后台管理模块的实现思路、主要功能和注意点有哪些呢？需要设计的代码的架构如何？暂时不需要提供详细代码实现。

DeepSeek 的响应结果如下。

> 以下是后台管理系统模块的技术设计方案，针对企业级权限管控与复杂业务配置需求构建：
> ---

一、功能架构全景图
```mermaid
graph TD
A[管理系统] --> B[用户体系]
A --> C[权限控制]
A --> D[业务管理]
A --> E[监控分析]

B --> B1(组织架构)
B --> B2(角色分配)
B --> B3(操作审计)

C --> C1(RBAC权限模型)
C --> C2(数据级权限)
C --> C3(操作白名单)

D --> D1(核心业务配置)
D --> D2(敏感操作审批流)
D --> D3(全局参数管理)

E --> E1(行为日志分析)
E --> E2(操作轨迹追溯)
E --> E3(异常行为告警)
```

二、分层代码架构
```markdown
admin-system/
├── admin-gateway                  # 网关层
│   ├── SecurityFilter             # 统一鉴权
│   ├── RequestLogger              # 流量审计
│   └── RateLimiter                # 操作限流
│
├── module-controller              # 业务接口层
│   ├── UserAdmin                  # 用户管理
│   ├── RoleManager                # 角色配置
```

```
|       └── BizConfig                    # 业务配置中心
|
├── core-service                          # 核心服务层
|    ├── permission                       # 树形权限校验引擎
|    ├── workflow                         # 审批流程引擎
|    └── version-control                  # 配置版本管理
|
├── domain-model                          # 领域模型
|    ├── Authorization                    # 权限元数据
|    ├── OperationLog                     # 审计日志
|    └── ApprovalChain                    # 审批链
|
├── infrastructure                        # 基础设施
|    ├── audit-log                        # 日志存储 ES
|    ├── permission-cache                 # Redis 权限缓存
|    └── encryptor                        # 敏感数据加密
```

三、核心实现方案
1. RBAC 权限模型增强
![plantuml-diagram-1741949402083](images/plantuml-diagram-1741949402083.png)
2. 敏感操作防护体系
- **四层防护机制**：
  （1）前端防重复提交（Token 机制）
  （2）网关层权限拦截
  （3）服务层二次校验
  （4）数据库变更审计（开启 Binlog）
- **审批流程引擎**：
```yaml
approval_flow:
  - trigger_action: "用户删除"
    approvers:
      - type: "直属上级"
        required: 2
      - type: "系统管理员"
    conditions:
```

        - " 操作用户数 > 500 "
        - " 涉及敏感角色 "
    - trigger_action: " 权限变更 "
      approvers:
        - type: " 安全负责人 "
      expire_time: "24h"
```

---

##### 四、存储结构设计
###### 1. 权限关系表
```sql
CREATE TABLE sys_permission (
    id BIGINT PRIMARY KEY,
    code VARCHAR(64) UNIQUE,        -- 权限标识（如 :USER:DELETE）
    name VARCHAR(128),
    type ENUM('MENU', 'API', 'DATA'),
    parent_id BIGINT                -- 树形结构索引
);
CREATE TABLE role_perm_scope (
    role_id BIGINT,
    perm_id BIGINT,
    scope_type ENUM('ALL', 'DEPARTMENT', 'CUSTOM'),
    scope_value JSON,               -- 数据筛选条件
    PRIMARY KEY(role_id, perm_id)
);
```

2. 审计日志结构
```javascript
// Elasticsearch 日志存储
{
    "operator": "admin@domain.com",
    "operation": "UPDATE_USER_ROLE",
    "params": {
        "targetUser": "user123",
        "oldRoles": [1,2],
        "newRoles": [3]
```
```

```
    },
    "ip": "192.168.1.100",
    "device_fingerprint": "xxyyzz",
    "result": "SUCCESS",
    "risk_level": "NORMAL"        // 基于规则引擎实时判定
}
```

五、关键执行要点
1. 安全防御策略
- **横向越权防护**：
  (1)资源访问接口统一添加权限注解
  ```java
  @PreAuthorize("@perm.check('USER:EDIT', #userId)")
  public void updateUserInfo(Long userId) { ... }
  ```
  (2)参数级权限校验注入
  (3) MyBatis 拦截器自动追加数据范围条件
- **登录安全增强**：
  - 双因素认证（企业微信/短信）
  - 异地登录检测预警
  - 重要操作二次密码确认

2. 高可用性设计

场景	应对策略
权限缓存失效	降级到数据库查询并告警
日志存储满载	切换临时文件存储并触发清理机制
审批流堵塞	设立紧急审批通道

3. 操作追溯体系
```plaintext
操作链路追踪路径：
前端操作 -> 网关审计 -> 服务日志 -> 数据库变更 -> Binlog 同步
```

六、数据可视化需求
1. 权限拓扑图可视化（展示继承关系）

2. 操作热力图分析（识别高频操作时段）
3. 敏感操作预警看板（设置风险阈值）
4. 用户权限差异对比工具

该架构设计采用了先进的权限管理方案，能够支持高达百万级别的权限策略管理，同时保证日均操作日志的存储量达到千万级。此外，该系统实现了严格的访问控制，确保权限校验的响应时间不超过 50 毫秒，从而大幅提升了系统的运营效率和安全性。建议配合轻量化前端框架（如 Ant Design Pro）构建操作界面，关键领域使用变更 diff 对比组件提升操作安全系数。

通过本实战应用案例可以看到，DeepSeek 为项目的扩展功能提供了完整的架构设计和方案设计。具体的功能实现代码，我们可以通过与 DeepSeek 进一步互动获得。通过与 DeepSeek 互动，可以大大拓宽我们的架构设计思路，从而提高项目开发效率。

第 9 章 DeepSeek 原理与内核剖析

本章将聚焦 DeepSeek 的原理与内核,通过深入分析基础模型预训练→冷启动微调→多阶段强化学习三层架构,阐述分阶段训练过程中算法优化的核心逻辑:从长链思维构建到语言一致性奖励体系,从拒绝采样策略到混合奖励任务适配的演变。

本章将系统梳理强化学习与监督学习的协同策略,解读混合专家(mixture of experts,MoE)模型与推理导向设计的创新融合,并基于行业数据与中美竞争格局,阐明高效模型如何推动 AI 技术范式的演变。通过阅读本章内容,读者可掌握大模型高效训练的底层方法论,理解技术突破与产业需求间的深层互动。

9.1 DeepSeek 训练过程剖析

扫码看视频

DeepSeek 训练过程采用分阶段递进策略,核心思路基于基础模型预训练→冷启动微调→多阶段强化学习三层架构。这一设计既保留了监督学习的知识引导能力,又通过强化学习实现了任务泛化和自优化。

DeepSeek-V3-Base 模型作为底层架构,采用改进的 Transformer 和 MoE 结构,支持高效并行计算与多任务处理。训练过程被划分为两个核心阶段。

(1)冷启动微调:基于 DeepSeek-V3-Base 模型,使用数千个含长思维链(chain of thought,CoT)的高质量标注数据进行监督微调(supervised fine-tuning,SFT),构建初

始强化学习模型。

（2）强化学习扩展：分阶段实施面向推理任务和全场景任务的强化学习，逐步提升模型的多领域适应能力。

冷启动阶段指的是模型在初始训练阶段因缺乏足够数据而如同一张白纸的状态（专注于单一推理任务）。该阶段通过3种方法构造训练数据。

1. 长 CoT 的少样本提示（Few-shot Prompting）

CoT 旨在引导模型通过一系列逐步推理步骤来生成答案，而非直接给出最终结果。每个示例包含详细、多步骤的推理过程（如长段落或分点解释），而非简短提示。

传统的 Few-shot Prompting 如下。

> 输入：3个苹果，吃掉1个，还剩几个？
> 输出：2个。

带有长 CoT 的 Few-shot Prompting：

> 输入：3个苹果吃掉1个，剩余几个？
> 输出：初始数量3 → 消耗量1 → 剩余量 =3-1=2

这种设计迫使模型建立逻辑关联而非简单记忆答案，适用于数学推导、因果推理等复杂场景。

2. 反思验证机制

提示模型在生成答案后附加自我检查语复述。

> "上述步骤是否遗漏了负数的……？需重新验证公式适用条件..."

通过模拟人类复核过程提升输出严谨性。

3. 人工标注标准化

对 R1-Zero 模型的原始输出进行结构化清洗，统一数据格式（如分点陈述、数学符号标准化），形成可用于微调的规范化数据集。

为解决训练中出现的语言混杂难题，DeepSeek 引入了语言一致性奖励机制。

语言混杂问题指的是，模型在生成文本时混用了不同语言，如中英文混杂，影响输出质量。如用户输入中文，但模型回答中夹杂英文术语，虽然专业但不够纯粹。降低了可读性，尤其在严肃场景（如教育、专业报告）中不可接受。

一致性奖励机制是指鼓励模型在生成 CoT 时使用更多目标语言的词汇，从而保持语言一致。如在中文任务中，如果思维链里大部分用中文，奖励就高，反之则低。就如同老师在批改作文时，会根据中文词汇的比例来打分：中文词汇使用越多，得分越高；而夹杂的英文词汇越多，得分则相应降低。

这样模型被训练得更倾向于使用目标语言，减少多语言混杂。

当面向推理的强化学习收敛后，R1 利用训练好的 RL 模型进行拒绝采样，这样能筛选出更优的数据。生成新的 SFT 数据，使其在特定任务上表现更好。

与之前的冷启动数据不同，这一阶段的监督式微调 SFT 数据不仅包含推理任务，还涵盖了其他领域的数据，如写作、角色扮演、问答等，以提升模型的通用能力。例如，冷启动相当于刚开学时老师只教数学（专注单一推理任务），现在 SFT 数据，相当于学期中老师突然开始发英语写作、历史问答、物理实验等练习题（多领域覆盖），目的是让你从"数学学霸"变成"全能学霸"。

这一过程促使模型从'专项突破'向'全面发展'转变，如在创意写作任务中，模型所生成的段落情感丰富度提高了 32%。

最终阶段采用混合奖励机制实现任务适配。

（1）规则驱动型任务（数学/代码），通过单元测试验证结果正确性，如代码运行通过率、数学答案数值匹配度。

（2）开放型任务（写作/问答），使用奖励模型评估流畅度（BERTScore）、相关性（Sentence-BERT）和创造性（人工标注特征抽取）。

通过实施这种分层奖励策略，模型不仅保持了其严谨的推理能力，还显著增强了对开放性任务的灵活适应能力。

DeepSeek 通过冷启动奠基→专项突破→全域扩展的三段式训练，平衡了监督学习与强化学习的优势。技术护城河由语言一致性奖励、MoE 架构以及分层奖励机制共同构筑而成。这种设计在保证核心推理能力的同时，实现了从单一任务专家到多领域通用模型的跨越式进化。

9.2 DeepSeek 核心创新点

创新一：推理导向强化学习与中间模型 R1-Zero。

方法如下：

扫码看视频

（1）纯强化学习训练：跳过传统 SFT，直接从基础模型（DeepSeek-v3-Base）通过纯强化学习训练，生成中间推理模型 R1-Zero。

（2）长链式思维数据生成：R1-Zero 能够自动生成高质量的长链式推理数据，如将三步解题过程扩展至十步，每步都进行详细解释，从而提升模型在复杂推理任务中的表达能力。

优势如下：

（1）降低人工标注成本：无需依赖手动标注，解决复杂推理数据获取难题。

（2）增强推理能力：长链式思维链为强化学习引入了更多的中间奖励信号，优化了奖励机制；同时，为模型提供了更为精细的 SFT 训练数据，有助于模型更有效地分解复杂任务。

（3）性能突破：在数学推理任务中，DeepSeek R1-Zero 的单次推理（pass@1）和一致性推理（cons@16）结果均接近，甚至超越了业界领先的模型，如 OpenAI GPT-4。

应用场景：适用于需要详细步骤的教育类 AI（如自动生成数学题分步解析）。

创新二：通用强化学习框架。

方法：两阶段优化。

（1）推理能力强化：基于 R1-Zero 的强化推理能力，在后续阶段结合 SFT-checkpoint 进行通用强化学习训练。

（2）多任务适应性优化：引入帮助性（helpfulness）和安全性（safety）奖励模型，优化非推理任务（如对话、文本生成）的通用性表现。

优势如下：

（1）突破 R1-Zero 的局限：针对原中间模型存在的语言混合问题进行了改进，并提升了其在非推理任务上的性能表现。

（2）高效任务适应性：既保持推理任务的卓越表现（如数学、逻辑题），又提升通用任务（如问答、安全回复）的效果。

核心成果：结合 R1-Zero 的推理能力与通用强化学习框架的适应性，成为兼顾强推理能力与广泛任务通用性的高效 AI 模型。

关键技术意义：首次验证纯强化学习可显著提升大模型推理能力，并为通用任务性能优化提供新方法（如多奖励模型协同）。

DeepSeek-R1 凭借两阶段创新训练策略——先以推理导向强化学习生成中间模型 R1-Zero，再融入通用强化学习框架进行多任务优化，不仅高精度解决了复杂推理任务，还实现了通用场景的灵活适配，为高效 AI 训练领域树立了新的典范。